北京航天情报与信息研究所支持

国防系统工程与武器装备体系化发展

马 倩　施 荣　李 颖　吴晓倩　主编

中国宇航出版社

·北 京·

图书在版编目（CIP）数据

国防系统工程与武器装备体系化发展 / 马倩等主编
. -- 北京 : 中国宇航出版社, 2021.1
ISBN 978-7-5159-1891-4

Ⅰ.①国… Ⅱ.①马… Ⅲ.①国防工程－系统工程－研究②武器装备管理－管理体系－研究 Ⅳ.①E95 ②E145.1

中国版本图书馆 CIP 数据核字(2021)第 013242 号

责任编辑 彭晨光 **封面设计** 宇星文化

出版 发行 中国宇航出版社

社 址 北京市阜成路 8 号 **邮 编** 100830
(010)60286808 (010)68768548

网 址 www.caphbook.com

经 销 新华书店

发行部 (010)60286888 (010)68371900
(010)60286887 (010)60286804(传真)

零售店 读者服务部 (010)68371105

承 印 天津画中画印刷有限公司

版 次 2021 年 1 月第 1 版
2021 年 1 月第 1 次印刷

规 格 787×1092

开 本 1/16

印 张 7.5

字 数 183 千字

书 号 ISBN 978-7-5159-1891-4

定 价 68.00 元

本书如有印装质量问题，可与发行部联系调换

目　录

CONTENTS

美欧国防科研生产系统工程管理研究

马　倩

北京航天情报与信息研究所

摘　要　伴随着国家和军队的信息化进程，系统工程理论在国防科技工业领域的大型型号、工程中得到了长足的实践与正向优化，得到各军事大国的广泛关注。本文系统梳理了美欧国防科研生产系统中系统工程管理方法、技术和工具的应用现状与进展。详细阐述了美军数字工程战略对其系统工程环境转变的极大促进；深入研究了基于模型的系统工程含义及其在美欧国防科研生产系统中的应用；创造性提出了开放体系成为系统工程发展的新领域。最后，通过对美欧国防科研生产系统中系统工程应用的研究提出我国国防科技工业领域未来系统工程应用的启示。

关键词　系统工程管理；国防科研生产；数字工程；基于模型的系统工程；开放体系

系统工程国际委员会（INCOSE）于2014年发布了《系统工程2025发展愿景》报告，明确指出系统工程仍然处于摸索阶段，但已经建立起了理论基础，并在工业界、学术界及政府部门得到了普遍认可。系统工程随着系统复杂性增加和研究边界的逐渐模糊而不断进化，必然更加重视体系化、开放式背景下的自适应、可扩展、弹性系统设计，更加注重高仿真模拟、沉浸式技术、大数据智能决策、网络化协同开发技术的应用。国防科研生产系统工程作为系统工程理论及方法的优质实践领域，必然会产生一系列的变革，且走在系统工程发展的最前沿。

1　研究背景

加快能打仗、打胜仗的装备体系建设和武器装备智能化发展，积极探索基于能力智能组合的武器装备研制生产组织管理。现代战争更加强调武器装备体系之间综合能力的整体对抗，早在20世纪80年代武器装备对抗就由“平台对平台”向“体系对体系”转变，习近平总书记在出席2014年全军装备工作会议时强调“加快构建适应履行使命要求的装备体系”。近年来，包含大量自主系统的无人作战体系的出现，使得体系架构的分布、开放特征更加明显，正在形成以“即联配系、敏捷指控、协同编成”为导向的具备智能组合特点的体系架构。随着武器装备体系架构的逐步建立，武器装备科研生产系统工程正在变得更加开放、灵活、敏捷。美欧等国家和地区不断探索、实践、创新，在体系化武器装备研制生产过程中将系统间的协调交互、能力组合甚至开发方法进行前期规划，以提高武器装备在作战体系中的贡献率。国防采购策略也在基于能力的规划下逐步向分布式与增量式、模块化转变。面对未来作战的实际需求，设计装备就是设计战争，势必要求国防工业部门更加重视系统工程方法的应用与需求能力的规划论证，以适应高技术武器装备的发展及其体系的构建。这是一项复杂的系统工程，可为各类武器装备明确未来发展方向、扩大规模结构和提升能力水平做出贡献。

面对武器装备重大项目落实和国防科技工业深化改革，装备体系建设目标和边界更加开放，需要不断创新体系系统工程理论方法。传统的武器装备发展思路是面向单一装备对其技术水平和作战性能进行开发优化，而武器装备体系化发展思路则是通过对未来作战需求和作战能力的分解，整体设计构建最易形成战场优势的作战装备体系。适应现代战争需求的武器装备具有更丰富的功能配系、更复杂的相互关系、更广阔的地理分布和更开放的边界，更加强调装备体系的能力演化以及武器装备对作战需求的适应性。而且，随着军事技术和国防经济的不断发展及国防科技工业改革的不断深化，武器装备发展成就显著，各类武器型号硕果累累。武器装备研制过程中功能相似或重叠的产品以及成熟稳健的技术能力将越来越多，所以独立研制和分散发展的武器装备研制模式会造成更大程度的资源浪费，极大阻碍了在体系层次上对能力需求进行整体辨识与优化。国防工业部门应该一方面尽可能应用先进的系统工程方法和成熟稳健的技术能力进行国防科研生产，另一方面依照系统工程理念开发开放式体系结构，使装备适用于更大范围的可能性或能应对新挑战快速调整，最大化满足装备发展能力，降低风险和节约费用等多类复杂目标。

随着新一代信息技术的飞速发展，系统工程方法发生了本质变革，需要积极探索和进行武器装备科研生产系统工程实践。传统的系统工程聚焦于开发具有稳定结构和静态技术的独立系统，这些策略错误地假设体系的所有要求在开发初期就是已知的，并且假设体系是不随时间而改变的或者是稳定的。传统的系统工程策略还错误地假设系统运行理念和构成当今体系的各种技术是静止的，未来是极少改变的。各个组织无法对基于传统系统工程方法的体系开发提供支持，这些传统方法的特征为：固定的需求、被动式设计、贫乏的架构理论以及缺乏对系统、进程、实践和利益相关体之间紧密合作和相互依存关系的理解和考虑。显然，传统的系统工程策略在开发复杂的、动态的和不断演化的体系时效率更加低下，并且基于此策略的系统改进不仅缓慢而且成本高昂。它们进展缓慢，导致了整个系统生命周期中极大的开销和不可接受的进度拖延。同时，这些策略也不能很好地满足多个利益相关者的不断变化的需求，不能很好地面对快速变化的技术和其他挑战。适应体系化需求所交付的系统必须具有自组织和自调节的能力，能够在可承受的成本范围内智能组合，并且能对不断演化的需求和快速改变的技术做出非常快速的响应。

2 国内外研究现状

美欧主要军事大国持续探索系统工程方法、技术和工具的进展，及其在武器装备科研生产中的创新与实践。美国政府问责局 2016 年 11 月发布了题为《武器系统需求：产品研制之前的详细系统工程确保项目成功》的报告，强调研制项目开始前系统工程方法可以通过权衡和额外投入来解决可能存在的风险，尽早引入详细的系统工程设计方法以确保项目取得更好的结果。美、英等国国防部和各军种建立了相应的组织机构进行体系开发与管理，美国国防部体系架构（DoDAF）和英国国防部体系架构（MoDAF）分别描述了国防领域内各系统的组成单元、彼此之间和与环境之间的关系，指导国防领域内各系统的开发和交互。可以通过联合能力集成与开发系统（JCIDS）以及国防采办系统工程将具体的作战需求和技术能力落实到各个武器装备系统和项目中去。各大知名军工企业也不断适应采办策略的调整，探索系统工程方法在企业科研生产过程中的应用，以符合国防体系发展的需求。

美欧积极探索研究新一代信息技术的开发利用，武器装备研制生产系统工程方法、技术和工具创新进展较快。系统工程理念就是在复杂产品研制过程中收集和组织各类对理解系统全貌有帮助的信息，以全局视角，寻找系统解决最优方案和最佳组织形式。随着信息技术的发展，基于采样统计和自然语言文本的传统系统工程方法遭到了剧烈冲击和颠覆。系统工程方法从最初的定性与定量结合方法到系统仿真建模分析方法，再到大数据建模分析方法。目前美欧等国涌现了针对基于模型的系统工程方法以及数字化工程的大量研究，都旨在通过建立和使用一系列数字模型及网络环境对系统工程的原理、过程和实践进行形式化控制，模型驱动工作模式可以有助于更好地运用系统工程的原理，大幅减小管理的复杂性，提高系统工程的鲁棒性和精确性。

美欧新型武器装备科研生产模型逐步完善，系统工程创新和变革有效推动武器装备科研生产能力的提升。美欧各国大力推动信息技术和数字化研制模式，并不断在武器装备工业中加深应用，以数字化环境为主导改造军工企业传统的制造和生产管理模式，促进在武器系统整个生命周期内“能够做出快速反应的高水平制造能力”。为积极响应需求转变，世界上各大航天防务公司都在不断推进以数字化为核心的工业体系建设，并取得了显著成效。波音公司在民机研制过程中全面采用数字化制造模式，在新一代战神航天运输工具研制和C130航空电子升级中采用基于模型等技术，以基于数字化环境的科研生产系统工程大大缩短研制周期，降低研制成本，将数字化制造推向制造现场的更深层次。洛克希德·马丁公司在F-35研制过程中，建立了数字化协同环境，有效保障了科研生产系统工程管理模式的应用与落地。

中国特色武器装备科研生产系统工程不断完善，有力促进了武器装备研制生产和能力提升。中国航天事业60余年成功发展的最重要经验之一就是“广泛运用了系统工程等现代管理理论与方法”，在新中国成立初期中国航天事业发展的起步阶段，以举国计划经济体制为背景，航天设置型号院、总体部、“一委两总”的组织模式以及矩阵式管理方法确保了信息行之有效的贯通和系统工程的落地。1990年，钱学森先生发表了《一个科学新领域——开放的复杂巨系统及其方法论》，认为随着组分数量和层次结构的增加和复杂化会构成复杂巨系统，当复杂巨系统具有适应和演化能力时将会出现开放复杂巨系统，并对此提出了从定性到定量的综合集成研讨方法。这与国外系统工程向体系工程转变，封闭系统向开放系统转变的发展趋势高度一致，为我国武器装备体系研制生产系统工程发展提供了坚实的理论基础并指明了发展方向。

3　主要发展趋势

3.1　数字化促进系统工程环境的快速转变

美军系统工程部门自2016年起，在越来越多的场合中提到“数字工程”和数字工程战略，认为第四次工业革命是数字革命，实施数字工程将成为美军迎接数字时代、完成数字转型的关键。数字工程是一种集成的数字化方法，使用装备系统的可信数据源和模型源作为寿命周期中的连续统一体，支撑从概念到报废处理的所有活动。美军认为，传统的建模与仿真、基于仿真的采办、基于模型的系统工程是第三次工业革命信息技术发展的产物，当今世界处于第四次工业革命，以数字化连接的端到端复杂组织体将代替基于电子和IT的自动化成为核心，数字化登上舞台中央，推进数字工程正是最佳时机。美军推进数字工程旨在将以往线性、以文档为中心的采办流程转变为动态、以数字模型为中心的数字工程生态系统，使美军完成向以模型为中心谋事做事的范式转移。

未来，各国军队都将面临一系列挑战：作战和威胁环境动态变化，装备系统复杂度和无法接受的风险大幅增加，成本超支和能力交付延迟困扰作战部队。需要超越快速变化的威胁和技术进步，更快地向作战部队交付先进能力，同时更具经济可承受性和持续保障性，并且培养一个创新的文化。当前，线性的采办流程缺乏敏捷性和弹性，采办人员使用“竖烟囱”方式建设的基础设施、环境和孤立的数据源在寿命周期中支撑各种采办活动，沟通、协同和决策通过静态、不相连的文档完成并且需要解释，采办实践依赖单学科模型，并且无法跟上创新和技术进步的步伐。同时，美军“更佳购买力3.0”要求通过创新、技术优势和质量获取支配性的能力，提升效率、生产力和军事能力；“第三次抵消战略”要求扩展美国具有经济力的技术和作战优势，聚焦在新能力开发和部署上，加速超过对手的创新。

美军在这些挑战和要求面前，认识到了自身采办流程的问题，从2015年起决心实施数字工程转型。2015年8月美军成立数字工程工作组，各军种、国防部机构、美国国家航空航天局等相关政府部门、国防工业部门、系统工程组织等共同研究讨论推进事宜，制定了数字工程路线图。路线图给出了数字工程推进7个成熟度等级，分别是：启动；知晓——促进各级组织的认知；理解——推动组织内工作人员的理解；初始使用——执行试点计划，参与各项目；内部消化——制定指令、政策和指南以促进实例化使用；采纳——在工程和采办实践中扩展已成形的各类变化；制度化——持续保障转型的发生。截至2017年10月，美军数字工程推进工作已经处于4级到5级之间，完成了若干计划，正准备更新政策指南。根据当时的美军数字工程路线图，2017年12月，美军正式发布数字工程战略文件，2018年6月，完成政策和指南的更新，并且开始在项目中对数字工程应用实施评价，2019 年 12 月，美军开始将数字工程转移到采办流程中使用。

2016 年，美军提出了数字工程战略目标，五大战略目标是：规范模型的开发、集成和使用以支撑复杂组织体和计划 / 项目的决策；提供一个可信的单一真相源；融入技术创新以提升工程实践；建立支撑的基础设施和环境以在利益相关方中实施各项活动、协同和沟通；转型为一种文化，工作人员接受并支持跨寿命周期的数字工程。数字工程战略将聚焦 7 项任务：定义、实施、政策和指南、工作人员发展、合同签订、衡量准则、转型管理。同年 11 月，美军制定了数字工程教育与培训课程，包括数字工程概念、为数字工程生态系统做准备、面向采办的考虑、使用数字技术获得一致性、案例 5 门课程，为美军各层级相关人员理解数字工程转型提供支持。

2017 年 4 月，美军给出了数字工程支持国防部采办的完整视图，可以看到，数字工程生态系统涵盖了系统工程的技术流程和技术管理流程，核心是贯穿装备系统始终的数字系统模型、数字主线和数字孪生，支撑对成本、进度和性能、经济可承受性、风险和风险降低策略分析，并且与工程知识管理交互，利用工程标准、需求数据、设计和制造数据、试验数据、供应数据、使用数据、维护数据、工程能力数据库，将组件和系统的多领域、多物理、多层级的构建与虚拟分析工具组合，可基于工程数据运行以支持采办和保障，从而支撑成本分析、需求分析、经得起推敲的成本 / 进度 / 性能权衡，以及系统工程技术评审和采办里程碑决策。

在推进数字工程过程中，美军将之前启动并仍在实施的一些计划纳入数字工程战略的整体工作中来，包括几大前沿技术计划，如数字系统模型计划、工程弹性系统计划、数字主线计划、飞行器机体数字孪生计划、自适应运载器制造计划等，以及建立支撑的基础设施和环境的计划，如高性能计算现代化计划的计算研究和工程采办工具与环境项目、系统工程研究中心以模型为中心的研究和协同环境项目、国防部牵头的数字制造与设计创新机构的数字制造社区计划等。其中，最典型的是数字主线 / 飞行器机体数字孪生计划、工程弹性系统计划以及计算研究和工程采办工具与环境项目。

美空军在 2013 年发布的《全球地平线》顶层科技规划文件中，将数字主线和数字孪生视为“改变游戏规则”的颠覆性机遇，并从 2014 财年起组织洛克希德·马丁、波音、诺斯罗普·格鲁门、通用电气、普惠等公司开展了一系列应用研究项目，已陆续取得成果。其中，诺斯罗普·格鲁门公司主持的 F-35 中机身制造数字主线项目获得了 2016 年度美国国防制造技术奖。数字主线旨在通过先进的建模与仿真工具建立一种技术流程，提供访问、综合分析系统寿命周期各阶段数据的能力，使军方和工业部门能够基于高逼真度的系统模型，充分利用各类技术数据、信息和工程知识的无缝交互与集成分析，完成对项目成本、进度、性能和风险的实时分析与动态评估。数字主线的特点是“全部元素建模定义、全部数据采集分析、全部决策仿真评估”，能够量化并减少系统寿命周期中的各种不确定性，实现需求的自动跟踪、设计的快速迭代、生产的稳定控制和维护的实时管理。美空军认为，系统工程将在基于模型的基础上进一步经历数字主线变革。美空军计划在 E-8 对地监视与攻击指挥飞机、T-X 高级教练机、远程防区外空射核巡航导弹等重要采办项目中推广应用数字主线。

工程弹性系统是美军 7 个科技优先计划之一，由各军种、国防预先研究计划局负责，各军种系统司令部、中心和研究实验室组成了技术团队。工程弹性系统是一个不断发展的框架，是支持采办所有阶段的、可信的集成计算环境，致力于实现数据驱动的决策。弹性系统的 4 个关键属性是：击退 / 抵抗 / 吸收，恢复，适应，广泛的功用。美军对弹性系统的要求是：在各种任务的环境中是可信的和有效的，通过重新配置和 / 或更换很容易适用其他任务环境，可预测并且可缓解功能故障。目前，美军和国防工业部门正在使用高性能计算资源，用验证模型和仿真复现基于物理特性的交互并预测装备系统功能，从而预测可能影响任务执行的背景环境，对这些模型和仿真生成的数据评估并形成装备方案权衡，以确定一个系统提供所需能力的风险，以及确定系统是否可以保留并表现出足够的弹性来保证系统的采办和部署。工程弹性系统能够加强需求生成和备选方案分析流程，并且在权衡过程中提供寿命周期“情报”，通过权衡分析实现有充分依据的决策，在更短时间内“可视化”更多设计的权衡。

在数字主线和工程弹性系统计划的背后，是美军多年来在高性能计算现代化计划中实施计算研究和工程采办工具与环境项目。为刺激重大国防系统的采办并降低成本、缩短时间和减小风险，美军启动了该项目，目标是开发和部署基于物理特性的高性能计算软件应用程序产品，通过高逼真度虚拟样机的构建和分析，以设计和分析军用飞行器、舰船、地面车辆和射频天线系统。2016 年，该产品实现商用，截至 2016 年 6 月，美军各军种、国防机构、国防工业部门以及大学等 129 个组织正在使用它。空军在该产品及基于体系工程方法的“情报、监视与侦察多解析度分析器”的基础上，应用下一代加油机构型，根据流程执行了数字主线互用性研究；空军针对高性能飞行器静态、动态稳定性和控制特性，利用该产品开发了通过试验设计设置最少的数据点从而缩短整个风洞试验周期的方法，并使用 F-22 战斗机验证。

美军推进数字工程，打造数字工程生态系统，将使现有的工程学科提升为一个基于模型的综合化方法，充分利用数字化的进展和技术创新，使美军整体获益。未来，美军的数字工程生态系统连接装备系统的数据源和寿命周期的模型，提供可信的单一真相源；美军将使用数字化的环境、流程、手段、工具和数字技术，支持装备系统的规划、需求、设计、分析、验证、确认、使用和持续保障，进一步支撑“更佳购买力 3.0”“第三次抵消战略”等的实现。

3.2　基于模型的系统工程应用持续深入

国外把基于模型的系统工程（Model Based Systems Engineering，MBSE）视为“系统工程的革命”“系统工程的未来”“系统工程的转型”等。MBSE 方法论是用于支持在“基于模型的”或“模型驱动的”背景环境中系统工程学科诸多相关流程、方法和工具的集合。通过标准系统建模语言构建需求模型、功能模型、架构模型，实现需求、功能到架构的分解和分配，通过模型执行实现系统需求和功能逻辑的“验证”和“确认”，并驱动联合仿真、产品设计、实现、测试、综合、验证和确认环节。MBSE 传递的模型，包括需求、结构、行为和参数在内的动态信息。模型使整个组织中各类专业工程和技术领域的人员更加直观地理解和表达系统，确保全程传递和使用的是基于同一模型。

系统工程的核心是要从用户需求推导出设计方案，其核心问题是不同领域的人之间的知识沟通。传统系统工程（Traditional Systems Engineering，TSE）（TSE 也是 Text-Based Systems Engineering 的简称）的文档是基于自然语言、基于文本形式，当然也包括少量的表格、图示、图画、照片等。由于自然语言并非专门为系统设计所发明，而是要表示大千世界的万事万物，还要表示纷繁复杂的各专业学科知识，所以 TSE 的文档要依靠相关工程设计的术语来使各方对系统有共同的理解和认识。所以各方的沟通交流要依赖不断更新的术语表、词汇表等，否则就容易产生理解的不一致。尤其是当系统的规模越来越大、涉及的学科和参与的单位越来越多时，这个问题就更加突出了文档的电子化、网络化并没有从根本上改变各方对文档理解的不一致。

MBSE 仍然是系统工程，层层分解、综合集成的思路并没有变化，核心就是采用形式化、图形化和关联化的建模语言及相应的建模工具，改造了系统工程的技术过程（即系统建模过程、V 型图的左半边），充分利用了计算机、信息技术的优势，开展建模（含分析、优化和仿真）工作，为右侧的系统实现、实地验证奠定了更为坚实的基础，从而提升了整个研制过程的效率。MBSE 与 TSE 的根本区别不在于是否建模，而在于是否是形式化建模，即建模过程和方法是否有规范标准，以保证跨领域模型间协同。

从 2007 年到 2017 年，是 MBSE 在欧美航空航天、国防军工、汽车、轨道交通、医疗器械等行业大规模推广实施的 10 年，是 MBSE 在国外从孕育期走向成长期的 10 年。例如，空客公司在 A350 系列飞机的开发中全面采用 MBSE，在飞机研制中逐层细化需求并进行功能分析和设计综合，不仅实现了顶层系统需求分解与确认，也实现了向供应商、分包商的需求分配和管理。洛克希德·马丁公司采用 MBSE 来统一进行需求管理和系统架构模型设计，并向后延伸到机械、电子设备以及软件等的设计与分析之中，如：基于 MATLAB 的算法分析以及 SystemC、Verilog、ANSYS 的软硬件的设计与分析、Adams 的性能分析、SEER 的成本分析等，构建了完整的基于模型的航空和防务产品的开发环境。罗克韦尔·柯林斯公司采纳 MBSE 方法覆盖航电全领域的系统定义和系统测试模型。罗罗公司依据 INCOSE 系统工程手册制定了其自身的系统工程能力框架，涵盖了系统思考、需求管理、系统定义、接口管理、系统功能分析、系统架构设计、确认和验证等能力，覆盖了总工程师、项目管理者、总设计师、系统工程师、系统设计师、开发工程师、质量工程师、服务工程师等岗位职责，实现了从航空动力系统到子系统到部件的系统工程迭代。波音公司构建了以任务和需求定义、逻辑和功能集成、功能和逻辑架构设计为核心的覆盖产品全生命周期的 MBSE 过程，从运行概念到需求到设计到生产。NASA 在多个新的及已有的项目上积极运用 MBSE，其目的是显著提升项目的经济可承受性、缩减开发时间、有效管理系统的复杂性、提升系统整体的质量水平。软件工具提供商也在积极行动，如 IBM 公司开发了一种方法论，称为针对系统工程的统一软件过程（MDSD）；LMS 公司开发的多领域系统仿真集成平台，可用于飞机开发的每个阶段 (从前期的概念设计分析、详细设计到产品验证)。

随着信息化、数字化、网络化技术的发展，MBSE 的未来发展趋势将在 5 个方面体现。第一，MBSE 将与语义网技术（SysML 与 OWL）融合，利用语义网技术完成模型的实现。第二，MBSE 将贯穿系统生命周期管理（SLIM），SLIM 需要打通各类模型之间的数据通路。第三，MBSE 将与体系工程，如 DoDAF、MoDAF、UPDM 技术紧密结合。第四，MBSE 将进一步与云技术、面向生命周期协作的开放式服务（Open Servises for Lifecycle Collaboration，OSLC）结合，空客、欧洲宇航防务集团已经进行了一定程度的探索。第五，MBSE 将在虚拟工程中得到完全展现，仿真驱动决策将贯穿整个产品生命周期。

3.3 开放体系成为系统工程发展的新领域

随着国家和军队的信息化进程，“体系”已经成为信息时代大型应用系统存在的重要形态，以大型路网、国家智能电网和信息化武器装备体系为代表的一大批信息化程度高、网络化特征明显、功能综合性强的大型应用体系陆续建成并投入使用，在国民经济生产和国防安全领域中发挥了格外重要的作用。对体系这一类以信息技术为支撑的大规模系统的规划设计与集成改造，需要系统的理论方法来指导，“体系工程”思想应运而生，并吸引了世界各国政府、军方及专家学者的普遍关注。体系不是单纯系统的集成，它具备 5 个特征：一是组成系统独立运作；二是组成系统独立维护管理；三是组成系统的区域分布性；四是具备“涌现”行为；五是不断演化发展。所以，这也必然要求体系中的系统必须具备开放性，不能是独立且封闭的。

体系中系统间的相互关联或联结关系在曾经的物理世界中可能单一体现，但是信息时代，随着计算机通信、智能物联、分布控制、云计算等信息领域高新技术的蓬勃发展和普及应用，原本各自独立、毫不相干的系统个体可以通过“信息”搭建的“纽带”，将彼此联结成为一个由“独立系统”作为组分构成的大系统，形成了一个关于“系统的系统”的存在形态。通常，开放式系统具备以下主要特征：1）采用良好定义的、广泛使用的、非私有的接口标准及协议；2）使用由认可的标准组织或商用领域开发或采用的标准；3）对系统接口进行全面定义，以方便实现增加新的或额外的系统功能；4）通过整合额外的或更高性能组件，以对系统影响最小，实现系统扩展或升级。应用标准的开放式系统架构，可以极大地促进系统开发，以及提高未来注入新技术的能力。

体系的目标是形成涌现，产生体系增量。通过组分系统、组分系统与组分系统的关联结构，以及各种软因素的共同作用形成整体效果是体系追求的主要目标。涌现产生于体系动态演化中，而非体系的静止状态，它是体系在结构、行为、状态上所表现出的创新性质，是体系能力跃升的表现。从这个角度来看，由相同功能属性、相同系统组成的系统群

（Family of Systems，FOS）不能形成涌现，所以不能将其与体系混同。系统群虽然也是由多个系统组成的“系统的系统”，但组分系统的功能属性一致，系统群的功能为组分系统功能的总和。比如由多个探测雷达组成的探测装备群其能力仍是探测能力，而不具备作战能力，其探测覆盖范围将是各部雷达探测范围的叠加，并没有涌现出新的能力。然而，通过将探测装备群、通信装备群和武器系统群集成为体系，将使体系获得由预警到火力打击的完整的作战能力，这种体系作战能力就是一种新能力的涌现。

4 结论

近年来，系统工程理论作为国防科技工业领域在大型型号、工程中的核心应用理念，得到了长足的实践与正向优化，伴随着国防工业不断发展，形成并具有了一定的自主特性和演变路径。国内相关研究工作主要集中在理论研究方面；国外部分企业实现理论研究成果向工业实践转移的逐步尝试，并通过实践而渐进优化了系统工程理念在环境支撑层面、理念层面、技术方法层面等多维应用，形成了具有代表性的典型应用实例，例如，洛克希德·马丁公司、雷神公司、美国太空探索公司等在不同工程领域实现了优化的系统工程应用，并相应延伸出了现今的技术方法。同时，国外国防工业体系通过顶层设计，实现了系统工程优化应用的环境预先构建，进而有力推动了国防科研生产系统工程的实践应用。可以通过美欧等信息跟踪及系统汇集分析，梳理出基于作战需求转化向体系化建设引导，从而耦合推动系统层级的不断创新与进化。国内目前相关研究论述多聚焦于单个典型项目、部分应用技术、政策环境构建等单一要素或局部进展，在特定理论方法或特定问题上具有纵深延展，但对于全局性考量不足，以项目管理为切入点的研究视角不能反馈得出美欧在国防科研生产过程中系统工程应用的全局概况。缺乏系统性、立体性、针对性、专业化的研究成果，虽然局部研究成果对于特定环境下特定问题具有一定理论借鉴意义，但系统上无法解决系统工程对于国防科研生产管理优化的整体问题，也无法实现在通用性理念的析出及对军民两用维度上更广泛的扩散应用。

体系科学与体系工程领域热点与发展

杨克巍

国防科技大学系统工程学院

摘　要　本文通过知识图谱及文献数据挖掘与分析等方法，基于 Web of Science 等数据源对有关体系科学与体系工程领域的研究进展与热点领域等进行挖掘和分析，介绍了 2000 年以来体系科学领域的主要研究机构、高产作者、研究热点及应用等，特别是通过分析 2000 年以来体系研究领域主题词的演化规律与趋势，重点介绍体系工程的两个主要方向：体系结构框架、基于模型的系统工程，来详细介绍其研究历史与发展趋势。

关键词　体系科学；体系工程；模型驱动系统工程；统一体系研究框架 UAF；体系结构框架 AF；数据与模型融合

1　体系科学与体系工程研究发展

1.1　体系与体系工程

体系至今尚未有一个统一标准的定义，由于其应用场景、面向用户和使用目的不同，对其定义和理解都会有较大的差异。一般面向大型复杂体系的研究，更关注构成体系的要素彼此间的相互作用及其产生的效果，将其定义为“在不确定性环境下，为了完成特定使命或任务，由大量功能上相互独立、操作上具有较强交互性的系统，在一定约束条件下，按照某种模式或方式组成的全新的系统。”为了解决不同种类的、独立的、大型的复杂系统之间的相互协调与相互操作过程中的相关技术方法，体系工程得到越来越广泛的应用，特别是在某些大型体系建设与管理过程中，体系工程发挥着重要的作用。有关体系工程的定义同样繁多，美国国防部将其定义为“对一个由现有或新开发系统组成的混合系统的能力进行计划、分析、组织和集成的过程，这个过程比简单的对成员系统进行能力叠加要复杂得多，它强调通过发展和实现某种标准来推动成员系统间的互操作。”其定义关注互操作的实现及其相关作用机理，这也是体系工程区别于系统工程的一个重要标志。我们参照钱学森对系统工程的定义，认为“体系工程是面向体系的能力发展需求，在体系的整个生命周期中，在体系的设计、规划、开发、组织及运行过程中应用的理论、技术和方法，并对体系所进行的所有相关管理过程的总称”。

随着新一代信息技术的普遍应用，特别是人工智能技术的突破性发展，许多原本毫无关联的事物变得联系紧密，而各种体系的类型、特征存在着较大区别，例如物流体系、能源体系、军事体系等存在着极大的区别，根据体系应用的场景和管理的模式，Maier 将体系分为 4 种类型。

（1）虚拟型体系（Virtual SoSs）

虚拟型体系没有中央管理机构和统一的核心目标，该类型体系能够产生符合需要的大规模行为涌现，但这种体系必须依靠一种无形的机制来维护它。在自然界和人类社会的某些体系，如鱼群、蚁群符合典型的虚拟性体系特征。

（2）公共型体系（Acknowledged SoSs）

公共型体系有清晰的目标、明确的管理者以及体系运行所需的资源，但是组成系统保持其独立的所有权、目标、资源、运作和保障的能力。体系内要素的更新主要基于体系和系统之间的互操作协议。由于公共型体系的组成系统保持独立的目标、管理方式、资源以及运行模式，实际上主要是以共同目标牵引驱动体系运行。公共型体系的中央管理不能操控公共型体系组成系统的自主运行模式，这是区别于导向型体系的特征之一。随着无人作战系统以及战场信息共享数据链系统的不断发展，各类随着不同作战场景需求，临时组成的大量公共型体系，能够更好地应对战场的瞬息万变，如马赛克战等新型作战概念。

由于公共型体系没有操控其组成系统的权限，通常通过设定适应组成系统个体发展目标的模式来驱动其主动加入体系，一般的组成系统往往比体系的运行周期更长、保障资源更充分。因此，公共型体系通常都是利用已有的各种系统构建一个新的体系（当然也存在一些需要新开发建设的组成系统加入）。最典型的“战区主战、军种主建”就是基于这一思想，每一场战役都是基于现有的多军兵种的作战系统形成的公共型体系。同样，现在很多企业所推行的“集成产品开发（IPD）”是研发领域的一种典型的公共型体系。

（3）协作型体系（Collaborative SoSs）

协作型体系的组成系统通过交互，在自愿的前提下达成一致的目标。核心参与系统集体决定提供或拒绝服务，形成体系运行的执行和维护标准。组成系统的所有者和体系的用户在充分地理解了彼此之间的依存关系后，为了共同利益而结成协作型体系，随着新一代信息技术的广泛应用，特别是物联网的广泛应用，这种协作型体系在现实中越来越多。各种利益共同体（COI）就是典型的协作型体系的例子，团体中的参与者共同制定共同利益的实现方式，参与者在共同遵守的框架下协同工作，目前大量出现的各种联盟（例如工业技术软件化联盟、智慧军工产业联盟等）都属于协作型体系；智能制造，“工业 4.0”中形成的虚拟制造商等模式也属于协作型体系。

（4）导向型体系（Directed SoSs）

导向型体系的创建和管理用于实现特定目的，构成体系的各个组成系统保持独立运作的能力，但是，其正常运行中按照统一的目的服从集中管理。例如，面向未来战争，具有一个明确的共同目标，这一目标作为驱动各组成系统开发的主要动因，这些系统的集合就构成了导向型体系，如航母战斗群，某种型号的舰载战斗机的研发，舰载雷达等主要装备的研发虽然都能够独立运行，但是在设计之初必须按照航母战斗中的使用要求进行规划，是典型的导向型体系。构成导向型体系的系统某些情况下也可以加入其他体系运行。

上述 4 类体系的分类基于组成系统的独立性程度，它提供了一个基于体系的目标性和体系及其组成系统的利益相关方之间的关系来对体系进行划分。在大多数实际情况下，体系通常都是上述体系类型的组合。导向型体系、公共型体系，有公认的权威机构和体系层级的资源。然而，由于公共型体系包含了独立维护、管理、资源以及独立发展过程的多个系统，这些体系在很大程度上又属于协作型体系。

1.2　基于科技文献检索的体系工程领域分析

1.2.1　学科领域

通过对 2000—2020 年 Web of Science 的文献检索主题词：（system-of-systems）OR: (systems-of-systems) OR: (super-system) OR: (federated-system) OR: (family-of-systems) OR: (system-mixture) OR: (ultra-scale-systems) OR: (enterprise-wide-system)，共检索到 3 891 篇文献，从所属学科角度统计，计算机科学（2 525 篇）、工程学（2 255 篇）、数学（624 篇）、运筹与管理科学（593 篇）位列前四，如图 1 所示。

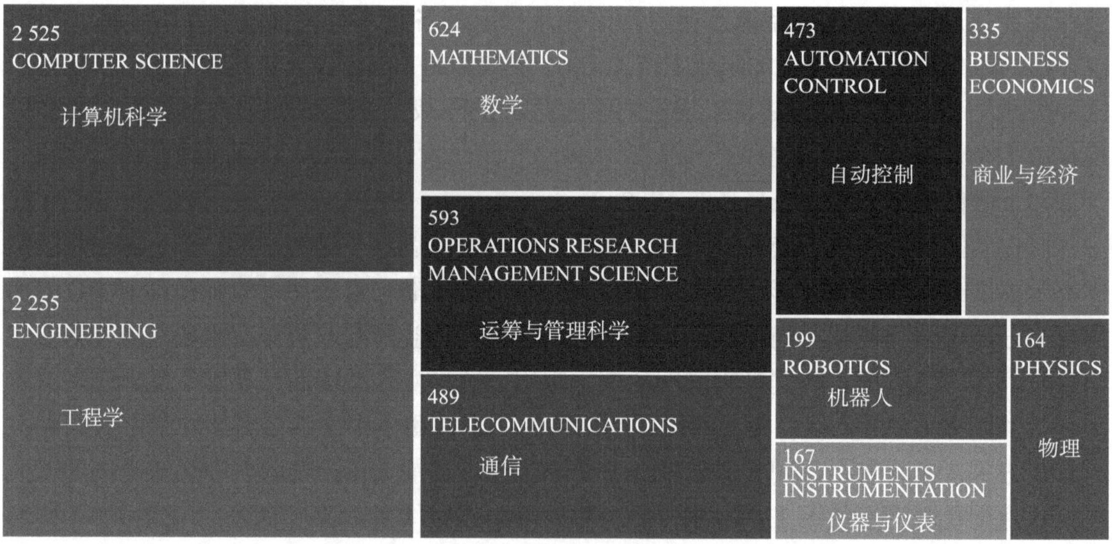

图 1　2000—2020 年体系科学领域发文所属学科统计

计算机科学和工程领域的研究很大一部分集中在计算机体系结构、工程设计等领域，与本文研究所定义的“体系科学”有一定区别，而运筹与管理科学、自动控制等学科的研究大多集中在系统工程领域，也是本文关注的聚焦重点。

1.2.2　国家（地区）

2000 年以来，从论文发表作者的国籍统计可以发现，体系科学领域发文量超过 100

篇的国家依次为：美国、中国、英国、法国、德国、意大利等国家，其中美国 1 535 篇，接近了总发文量的一半（见图 2），说明美国在体系科学研究领域占据了绝对的霸主地位。2000—2020 年体系科学领域发文前十位的国家均是经济实力较强的国家，这也说明在体系这个反映国家综合能力的重要研究领域，各国均投入了大量的研究。

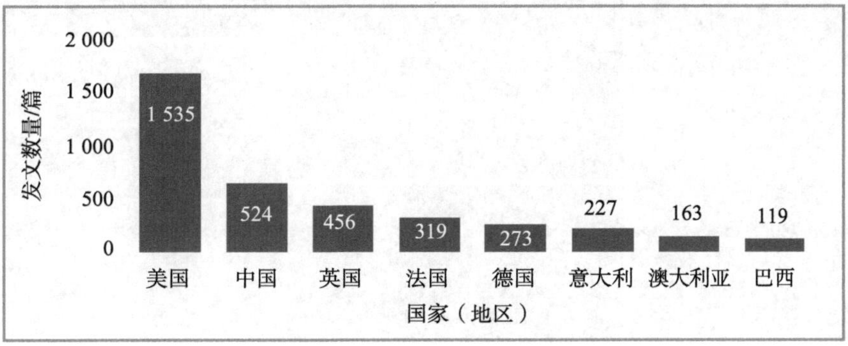

图 2　2000—2020 年体系科学领域发文来源国家统计

中国在体系科学方面的研究发展迅速，2016—2020 年，各国作者在该领域发表的论文合计 1 526 篇，其中中国发文量（249 篇）已经超过美国发文量（446 篇）的一半，突显了中国在该领域研究的快速发展（见图 3）。

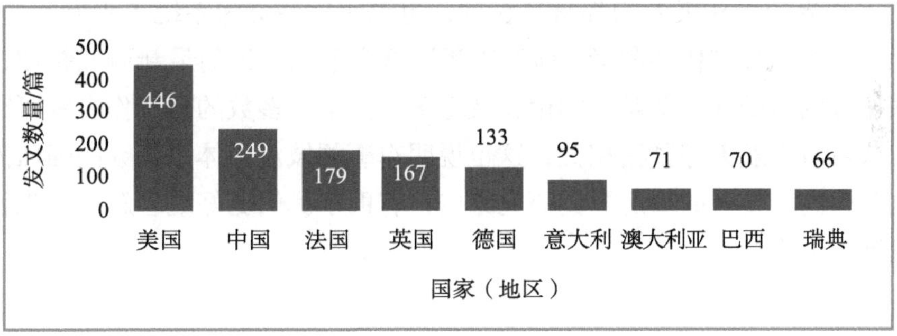

图 3　2016—2020 年体系科学领域发文来源国家统计

1.2.3　研究机构

2000—2020 年体系科学领域发文来源研究机构统计如图 4 所示。美国普渡大学与普渡大学系统管理学部等隶属于同一大单位的机构，因此统计时将两家机构的发文量合并统计。美国普渡大学、美国国防部、法国国家科学研究中心位居发文量前三位，但经过细分文章内容，法国国家科学研究中心的文章主要围绕计算机体系结构等领域开展相关研究，不属于本文所关注的体系科学与体系工程范畴。除了法国国家科学研究中心外，中国国防科技大学是前十名中唯一的非美国的研究机构。

图 4　2000—2020 年体系科学领域发文来源研究机构统计

1.2.4　作者

使用 Systems of Systems 关键词进行检索，得到如图 5 所示的 2000 年以来发文量排名前几位的作者，排名前七位的作者的发文量都达到或者超过 20 篇。其中 Dagli，Jamshidi 等国际系统工程界的泰斗级人物都赫然在列，也说明这些资深系统工程专家，在 21 世纪一开始就敏锐地把握住“体系科学 - 体系工程”这个系统工程的最新研究领域，发表了多篇关于体系研究的基础性、奠基性的论文及专著。其中大多数的高产作者的研究背景都与国防、军工或者航空航天等紧密相关，这也说明军事领域对于体系研究的强烈需求。下面简要介绍这几位高产作者的简历及其研究方向，有助于我们更好地理解体系工程与体系科学研究与发展的脉络。

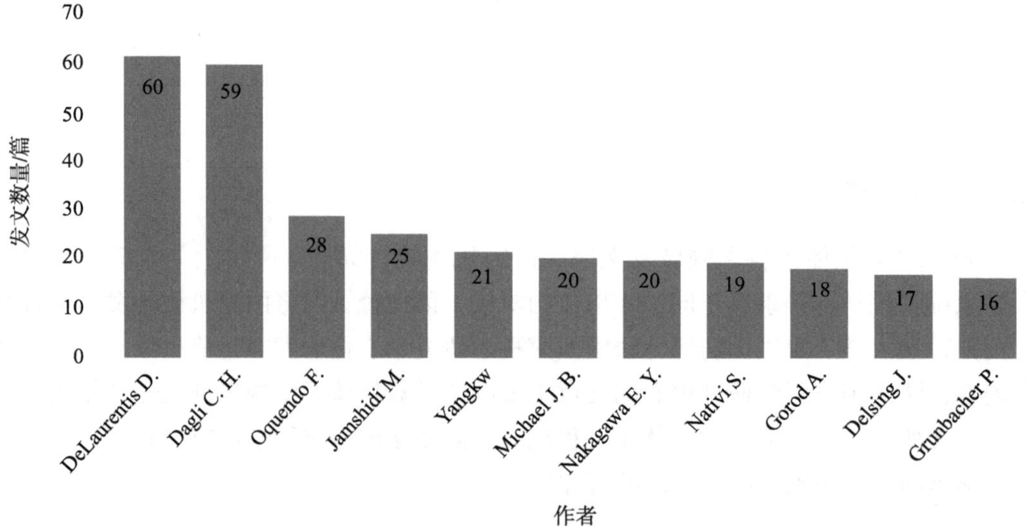

图 5　2000—2020 年体系科学领域发文量排名前十一位的作者统计

（1）Daniel DeLaurentis

个人网址：https://engineering.purdue.edu/AAE/people/ptProfile?resource_id=1429

DeLaurentis 现任普渡大学（Purdue University）航空航天学院教授，航空航天综合系统中心，体系实验室，全球安全与国防创新研究所所长［Center for Integrated Systems in Aerospace，System of Systems Lab，Director- Institute for Global Security and Defense Innovation (i-GSDI)］，他博士毕业于佐治亚理工大学航天工程专业，主要研究方向：设计方法方面——数学建模和面向对象的框架，体系设计，特别是那些以飞行器为主要元素的系统；稳健设计的方法，包括多学科设计中的鲁棒控制类比和不确定性建模 / 管理。航空航天系统和飞行器方面——用于颠覆性飞行器的设计和性能评估综合算法；个人飞行器的设计和操作概念；飞机的飞行稳定性和控制，特别是面向概念设计阶段的相关研究。

DeLaurentis 的研究受到集成产品开发模式（IPPD）的推动，重点面向不确定性对航空航天设计问题影响的表征和量化，提出了使用实验设计结合概率理论来获得关键系统指标和目标的累积分布函数（CDF）的快速估计等方法来实现这一目标；采用反馈控制概念，从而为设计问题定义了新的公式，包括技术影响评估和需求探索等。

航空航天问题越来越多地被认为属于由不同类型和功能的多个交互复杂系统组成的体系问题。航空运输系统中诸如个人航空运输和空中运输物流架构之类的相关问题是一个典型例子。解决这些问题不仅仅需要“车辆综合”，还需要“体系集成”。

因此，DeLaurentis 博士围绕上述领域开展了两个研究项目，探索使用系统动力学，基于代理的建模和其他方法来解决多学科、多系统问题。此外，他正在探索应用网络理论和复杂性方法，以面向未来体系设计中更好地考虑互连关系以及节点（即系统）。最终目标是通过洞悉其运行环境来更好地诠释单个系统的行为和要求，并确保其行为的长期性和稳定性。

（2）Cihan H. Dagli

个人网址：http://web.mst.edu/~dagli/;https://people.mst.edu/faculty/dagli/index.html

Dagli 博士现任密苏里科技大学（Missouri University of Science and Technology）系统工程和工程管理教授，兼任计算机和电气工程教授。密苏里科技大学成立初期名为密苏里矿业和冶金学院（Missouri School of Mines and Metallurgy）主要致力于采矿和冶金方面的研究。Dagli 博士是密苏里科技系统工程研究生课程的创始人。Dagli 博士还是一般系统国际期刊（International Journal of General Systems）智能系统设计专栏的副主编和密苏里科技大学智能工程系统实验室（SESL）主任。他是美国国防部 DoD 系统工程研究中心 URAC 的高级研究员。Dagli 博士是国际系统工程理事会 INCOSE 2008 和工业工程师协会 IIE 2009 的研究员。

其研究领域包括系统架构和工程、体系、智能工程系统设计、计算智能（神经网络 - 模糊逻辑 - 进化编程）。他曾与多家公司和国际组织进行过合作，包括波音公司，AT & T，约翰迪尔公司，摩托罗拉公司，美国陆军。他是人工神经网络工程（ANNIE）会议的创始人，该会议自 1991 年以来每年在密苏里州的圣路易斯举行。

（3）Mo Jamshidi

个人网址：http://engineering.utsa.edu/electrical-computer/team/mo-jamshidi/

Mo Jamshidi 现任得克萨斯大学卢彻布朗爱德华（Lutcher Brown Endowed）讲座首席教授，担任 NASA 咨询顾问超过 10 年（包括在 1997 年 7 月 4 日第一次火星探测任务中，担任了 7 年的 NASA HOR.），服务于美国空军实验室 9 年，美国能源局 8 年，欧盟 1 年，发表出版各类文章、著作 755 篇（部），包括 71 部专著，其中 5 部非英文版本，已经培养了 60 名博士，75 名硕士，指导或者联合指导 75 名少数民族研究生，850 名本科生。他主编了 6 部体系工程的专著，包括中文版。他担任了多所高校的名誉教授，包括三所中国大学，以及迪肯大学、拉夫堡大学、欧布达大学等。研究领域包括体系工程、云计算、机器人技术、无人飞行器、生物和可再生能源系统，谷歌学术超过 9 000 次被引用，已经访问过 116 个国家（包括许多亚洲、非洲、欧洲、大洋洲和南美洲的发展中国家），并举办讲座，Jamshidi 是 5 个国际期刊的发起人或者联合发起人，包括 IEEE 控制系统期刊（IEEE Control Systems Magazine）、IEEE 系统期刊（IEEE Systems Journal）等。他目前担任美国机械工程师学会理事、美国航空航天研究会副理事、美国先进技术研究会理事，是世界科学研究院院士、匈牙利工程院院士、俄罗斯非线性系统学会成员。1984 年获得 IEEE 百年纪念奖章，2005 年获得 IEEE 诺伯特韦纳（Norbert Weiner）成就奖，2014 年获得 IEEE- 美国系统工程杰出奖和世界自动化委员会荣誉奖章。

（4）James Bret Michael

个人网址：https://faculty.nps.edu/vitae/cgi-bin/vita.cgi?p=display_vita&id=1023567701

James Bret Michael 现任美国海军研究生院 NPS 计算机科学系和电子与计算机工程系的教授。他目前在美国海军研究生院的首都办事处工作。主要研究方向包括可信计算、高级加密方法、端到端数字取证和逆向工程以及用于验证和校验系统的轻量级正式方法的应用等。在 1998 年加入美国海军研究生院之前，他担任加州大学伯克利分校的助理研究员、工程师，负责研究车辆控制和安全系统，并作为访问学者从 UCB 到法国国家交通研究所进行交通安全和人体工程学的研究。他的职业生涯从担任国防分析研究所和阿拉贡国家实验室的形式化方法工程师开始。1997 年，他成为电气和电子工程师协会高级会员。2008 年，他收到了海军助理部长、研究开发与采办首席系统工程师的表彰信，表彰他对海军软件过程改进计划和采购改革的贡献。2010 年，他获得了 IEEE 可靠性协会 2010 年度工程师奖，作为对他在可靠分布式系统领域贡献的肯定。2013 年，他获得了海军优秀民用服务奖章，该奖章表彰了他在推动网络战最新技术和实践方面所发挥的领导作用，包括参与编写网络战的国际法塔林手册（Tallinn Manual）及编辑相关工作。

1.3 基于知识图谱的体系领域研究热点分析

针对 System of Systems 的近义词汇（包括 system-of-systems，systems-of-systems，super-system，federated-system，family-of-systems，system-mixture，ultra-scale-systems，enterprise-wide-system）等关键词进行检索，查询到 3 652 篇文献（2000—2020 年）。对这些文献中的关键词进行统计，前十位的关键词如图 6 所示。

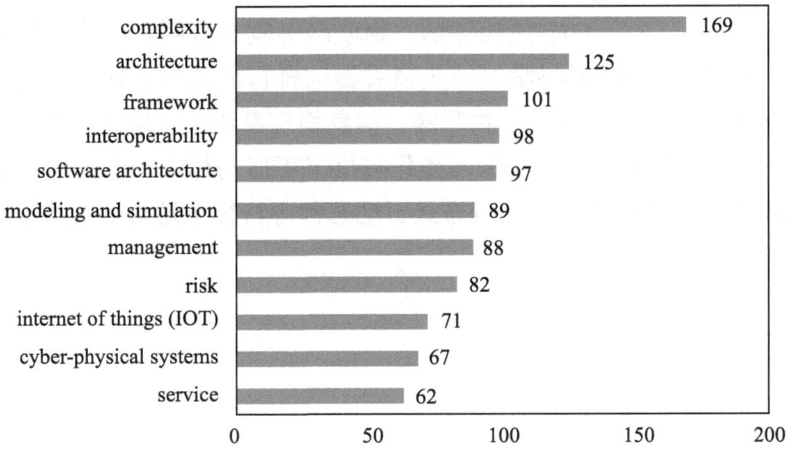

图 6 2000—2020 年体系科学领域关键词统计

除体系、体系工程、系统工程等标识领域属性的关键词外，关于体系的复杂性、架构、互操作性的相关研究占据了重要地位，关于软件工程的测试、回收、产品线等研究也非常热门，此外，关于体系管理、风险分析与评估、物联网技术和面向服务的体系结构等方向的重要性同样不容小觑。代表了过去 20 年间相关学者在体系科学领域聚焦的主要热点。

通过对体系科学领域高频关键词进行梳理，根据 2000—2020 年热点关键词的演化特征的分析，可以发现如下几点规律：

（1）体系研究属于系统工程领域

高频关键词中建模、仿真、设计、优化、分析等都属于典型的系统工程研究方法，体系工程的基本方法论仍属于系统工程的范畴，特别是目前开展体系工程研究的总体框架，主要是参考系统工程 V 字模型展开，目前的体系工程研究中的需求工程、体系结构设计、体系评估、体系仿真、体系优化等均是体系研究的重点，同时也是系统工程的重要工作。

（2）体系研究的应用对象在不断扩展

从这些论文的研究对象分析，体系研究已经从早期更多应用于国防、军事等领域，发展到近年来应用于交通、城市、电力、电子商务等各个领域。而且随着物联网与云计算的普及，体系科学所描述的泛在系统的广泛互联已经成为现实，并且随着新一代移动通信的商用化，体系要素之间的协作与交互更多地通过非物理连接实现，从技术上促成了越来越多的“独立系统”指数级地融合到“体系”中，并且新构成的体系具有极强的动态耦合性、生存韧性和广泛交互性，无论是智慧交通、智慧城市、智能制造、智慧农业、智慧商业等智慧产业的蓬勃发展，还是大数据、边缘计算、区块链、人工智能等方法和技术的快速渗透，带来体系研究的应用对象也越来越普及，覆盖了我们生产、生活的方方面面。

（3）新一代信息技术发展助推体系研究达到新高度

体系研究的起步阶段研究的关键词集中在“体系结构”“框架”“设计”等，最近的研究关键词网络安全、工业 4.0、风险评估、物联网等具有鲜明新一代信息系统特征的词汇，占据了 2018—2020 年体系科学领域热频关键词排行前几位，如图 7 所示。新一代信息技术的涌现（主要包括网络安全、物联网、信息物理系统、区块链、无人驾驶、数字孪生等），有效地解决了体系的交互，为互操作提供了手段与标准，极大地推动了体系的深入研究与应用推广，体系的整体性、分布式、动态性等特征也随着这些技术的成熟，展现出来越来越强大的生命力。

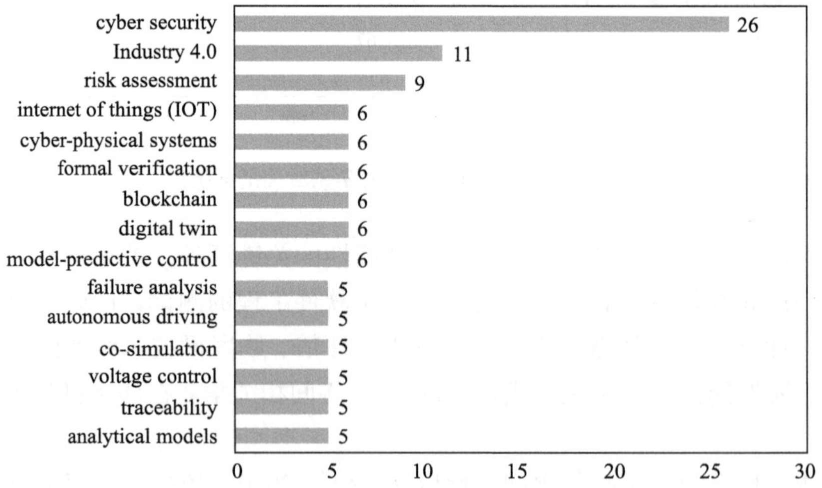

图 7　2018—2020 年体系科学领域热频关键词

从上述分析不难看出，体系科学研究的前沿与发展越来越关注超大型的混合复杂系统，特别是跨领域形成的新世界“体系”，而构成这样体系的要素类型众多，设计、构建、运行与管理这样的体系则是学术领域与工程领域共同关注的热点。因此，本文结合上述热点，重点介绍体系结构框架与模型驱动系统工程两类方法的基本概念与发展历程。

2 体系结构框架的前世今生

2.1 体系结构的概念

体系结构（architecture）一词最早用于建筑业，表示建筑学、建筑式样、建筑物设计与建造艺术和科学或方式和方法等。后来，计算机硬件、软件工程和系统工程等领域也借鉴建筑学的思想，提出了计算机体系结构、软件体系结构和系统体系结构等概念。

1990 年，IEEE 610.12 将体系结构定义为系统或其组成部分的组织结构。1995 年，美国国防部集成架构专家组在 IEEE 610.12 的基础上将体系结构定义为各组成单元的结构，各组成单元之间的相互关系以及制约它们设计和随时间演化的原则和指南。2000 年，IEEE 1471—2000 将体系结构进一步定义为系统组成单元的基本结构，具体化为系统包含的组件和它们之间的关系、它们与环境之间的关系，以及指导其设计与演进的原则。

体系结构框架本身不是体系结构，它是一种用于体系结构开发、描述和集成的统一方法。体系结构框架通常也称为体系结构标准或设计指南，它规范了体系结构设计内容、设计方法、表现形式和开发步骤等，可以直接用于规范体系结构设计实践。对于体系结构框架的研究，源于 1987 年 John Zachman 提出的信息系统架构框架（Framework for Information Systems Architecture），一般称之为 Zachman 框架，该框架建立了一种通用的描述框架来对体系结构模型进行组织和分类。这一框架成为后来各种体系结构框架的雏形。

体系结构设计是有效规划系统整体结构的科学方法，是解决复杂体系设计必不可少的内容，是保证体系内各组成系统之间可集成、可互操作的关键环节。在海湾战争之前，美军各军兵种独立设计开发 C4ISR 系统体系结构，导致系统之间设计文档不规范、使用的术语不一致，很难实现集成和互操作。为此，美军意识到必须建立 C4ISR 体系结构框架。从 1991 年开始，美国国防部相继研究、制定并颁布了《C4ISR 体系结构框架》和相关的体系结构通用的参考资源，以统一各种体系结构设计。从美军最初颁布 C4ISR 体系结构框架以来，美军已经更新迭代了多个版本的体系结构框架，并且英国、法国、加拿大等国家也在其基础上制定了各自的体系结构框架。

2.2 体系结构框架的发展历程

1996 年 6 月美国国防部公布了由 C4ISR 集成任务委员会（ITF）开发的 C4ISR 体系结

构框架 1.0 版。该框架建立在当时已有的各种体系结构开发实践基础上，首次统一了美军 C4ISR 系统体系结构的描述方法。该版本内容包括引言、背景、框架概述和产品描述四个主要部分及 6 个附录。该版本将体系结构划分为作战体系结构、系统体系结构、技术体系结构和核心信息体系结构，以上四个体系结构共涉及 13 个产品。

1997 年 12 月，美国国防部发布了由 C4ISR 体系结构工作组（AWG）开发的 C4ISR 体系结构框架 2.0 版。它实现了美国国防部提出的建立一个完善的体系结构开发指南，形成统一的通用体系结构开发方法，确保 C4ISR 系统的能力能够满足作战人员需求等基本要求。该版本与 1.0 版相比，最大区别是其修订了 1.0 版中重要术语的名称，将体系结构改称视图；将产品数量增加到了 26 个，并将其分类为基本产品和支持产品。

2000 年 3 月，美国国防部发布了将 C4ISR 体系结构框架的适用范围扩大到整个国防部领域的备忘录，并于 2004 年 2 月公布了 DoDAF 1.0 版，正式将体系结构框架改名为国防部体系结构框架（DoDAF）。该版本调整了 C4ISR 体系结构框架 2.0 版的结构，提出了作战应用、系统实现和技术标准三个视角以及作战视图、系统视图和技术标准视图三类视图。此外，该版本与前版的最大区别是转向以数据为中心的方法，更加强调体系结构数据而不是体系结构产品。

2005 年 8 月，在借鉴美国 DoDAF 1.0 的基础上，结合英国实际情况，英国国防部体系结构框架小组（MoDAF）制定了英国国防部体系结构框架。为了便于与美军交换体系结构信息，MoDAF 与 DoDAF 1.0 的核心视图保持一致，并在其基础上新增了战略视图和采办视图，它由 13 份文件组成，提出了 6 个视点、38 个视图。该框架在考虑英国与盟军之间兼容互联互通的同时，又关注了自身的作战任务和经济基础。北约也在美军 DoDAF 1.0 基础上提出了北约体系结构框架 1.0（NAF 1.0）。

2007 年 4 月美国国防部公布了 DoDAF 1.5 版。该版本分三卷：第一卷，定义和指南；第二卷，产品描述；第三卷，体系结构数据描述。该版本首次完整地描述了全景视图、作战视图、系统和服务视图、技术标准视图之间的相互关系，还首次将体系结构框架的结构分为数据层和表示层两个层次，并提供了如何在体系结构描述中反映网络中心概念的指导原则。

稍晚于 DoDAF 1.5，北约基于 2004 年发布的面向 C3 系统的架构框架发布了 NAF 3.0，扩展了其适用范围，不单局限于 C3 系统。该版本借鉴 MoDAF 的战略与采办视点和战略、逻辑、物理三层架构，在原有的框架基础上添加了能力视图和项目视图，并且首次提出面向服务的视图，对服务分类、定义、配置和行为等进行描述。

2008 年 9 月，英国国防部公布了英国国防部体系结构框架 MoDAF 1.2 版。MoDAF 1.2 在 1.0 版本的基础上，同样新增了面向服务的视角，总共包括七个视角，更加强调战略和采办视点，更加突出面向服务和以数据为中心的特点。

2009 年 5 月 DoDAF 2.0 发布，分为管理者指南、架构师指南、开发者指南三卷和一份在线电子期刊。该版与前期所有版本相比发生了明显变化，主要体现在：详细阐述了以数据为中心的方法，将高效决策所需数据的采集、存储和维护放在第一位；将体系结构视图增加到 8 个视角；用国防部体系结构框架描述模型取代了之前所有版本中使用的产品；基于国际防务企业体系结构规范（IDEAS）基础本体模型构建了具备数学意义的国防部体系结构框架元模型（DM2）用以取代之前版本使用的核心体系结构数据模型。

2009 年 6 月，在得到国际对象管理组织（OMG）、美国国防部和英国国防部的一致认可后，发布了 UPDM 1.0。UPDM 1.0 是在综合 DoDAF 和 MoDAF 的基础上提出来的，提供了 7 种视图和 45 个产品，实现对体系结构的描述。UPDM 基于 UPDM profile 为每一个产品定义了描述模型，提供了规范化和标准化的模型描述方式，便于不同体系结构产品之间的一致性维护以及数据的重用性。2011 年，国际对象管理组织又发布了 UPDM 2.1。

2010 年 8 月 DoDAF 2.02 版颁布。该版本最大的改动是将 2.0 版三卷本改为一卷本，使内容精练，去掉了重复，增加了可读性，可以看成是 2.0 版的编辑和内容阐述的改进版。

2016 年，北约和英军将 MoDAF 1.2 与 NAF 3.1 合并为 NAF 4.0，建立了统一的架构框架，目的是克服原先不同国家和组织采用不同的架构框架给顶层设计与集成应用带来的一系列问题。NAF 4.0 采用统一的视点和视图来集成 MoDAF 1.2 与 NAF 3.1，采用统一的视图编号建立新的框架网格，并在框架网格中引入了部署层和架构层。

尽管如此，体系结构框架的统一标准问题并没有随着标准的出台而得到解决，相反，随着基于体系工程进行的系统设计与应用实践在国防领域越来越广泛，带来了越来越庞大的系统之间的交互，同时也暴露出来不同国家各自体系结构框架标准不同的弊端：

1）DoDAF、MoDAF 和 NAF 之间的元模型无法一一匹配；不同体系结构框架存在相同概念名称其语义理解却不同的情况；不同框架之间的概念很难交叉映射，从而导致了不同体系结构架构师之间的理解错误。

2）除了国防领域体系结构框架之外，工业领域和商业领域也由于没有统一和可互操作的体系结构框架，使得跨企业、跨国家的项目实施困难。

3）建立和维护体系结构框架之间的映射需要国家、开发者、工业组织和商业组织花费大量的时间、精力和经费。此外，每个国家维护自己的体系结构框架也是一件艰巨的任务。

因此，2012 年北约体系架构能力小组（NATO Architecture Capability Team, Architecture CaT）提出构建全球统一的体系结构框架的建议。2013 年，国际对象管理组织在统一 DoDAF、MoDAF、NAF 等体系结构框架的基础上提出了 UPDM 3.0 的建议稿。为了进一步支持民用工程需求，UPDM 3.0 改名为统一体系结构框架 1.0（UAF Unified Architecture Framework）。2017 年，国际对象管理组织发布了 UAF 1.0 规范的最终版本。

为了保证历史产品特别是目前应用的生命力，UAF 支持与其他的体系结构框架之间的映射，原有的体系结构框架可以很好地集成到 UAF 中，这为跨国家、跨企业之间的互操作性提供了可能性。UAF 更加关注底层元模型，解决了框架、工具、标准、流程、交换格式、术语和语义的差异，实现了真正意义的数据交换。该框架将所有的标准视角以网格矩阵的形式进行组织管理。其视图矩阵综合了 DoDAF、MoDAF、NAF 等体系结构框架，设计了一种双层分类方法，分为 13 个领域、11 个视角，包含 71 个视图产品，考虑范围更加全面，适用性、兼容性更强。因此，UAF 在未来的发展将是可观的，是推动政府间、政府和企业以及企业间的集成性和互操作性的基础。

2.3　统一体系结构框架

统一体系结构框架（UAF）概要文件（UAFP）是基于模型驱动的方法创建的，其核心设计原则如下：

1）需求驱动。UAFP 的目的是满足需求。

2）领域元模型驱动（DMM）。DMM 首先由领域专家创建，它是概要文件开发的基础。

3）复用现有的规范。UAFP 在实际中重用 UML/SysML，并利用 UML 和 SysML 的特性提供鲁棒的建模能力。因此，UAFP 对于支持 UML 2 和 SysML 的供应商来说相对容易实现。

4）分区。包是本规范中分区的基本单元。包将模型元素划分为逻辑组，以最小化它们之间的循环依赖关系。

5）遵从水平（compliance level）。UAFP 具有基于 UML 和 SysML 元素重用组合的单一遵从性级别，对于工具供应商而言，UAFP 的实现比 UPDM 2.x 更加简化。同时，这些视图中显示元素的图形符号与原型扩展的 SysML/UML 元类的标准 SysML 图形符号相对应。

6）互操作性。UAFP 从 UML 继承了 XMI 交换功能。UAFP 规范根据 UML 2、SyML 1.4 以及用于实现 UAFP 的相应扩展来记录语言体系结构。

在统一 DoDAF、MODAF 和 NAF 等体系结构框架的同时，UAF 还增加了所支持的领域：体系生命周期过程和分析、人机集成和安全领域分析。

由于管理多视角、交叉关注点和元模型的复杂性，UAF 将所有的标准视角以网格矩阵的形式进行管理。UAF 视图矩阵综合了 DoDAF、MoDAF 和 NAF 等体系结构框架，设计了一种新的双层分类方法，共分为 13 个域和 11 个视图类型，包括 71 个视角，如图 8 所示。

矩阵的最顶行是 11 个视图类型，可以看到路线视图替代项目视图，并且新增追溯视图。矩阵的最左侧列是 13 个域，新增元数据域、战略域、人事域（描述与人员相关信息）、安全域（支持 DNDAF 的安全视图）、标准域和实际资源域（用于仿真和实现体系结构），其中作战域替代逻辑域。UAF 关注底层元模型，可以通过一个视角实现一组关注点，并且通过视图实例化。

UAF 视图矩阵允许其他的体系结构框架映射到这些新增的视图、域以及矩阵所包含的 71 个视角，因此过去的体系结构框架都能够很好集成到 UAF 中，这为跨国家、跨企业之间的互操作性提供了可能性。

随着全球化的发展，各国之间追求共同的战略目标已经成为必然的趋势。信息、计划、战略、目标等的清晰交换对于成功协作至关重要。由于体系结构框架、工具、标准、流程、交换格式、术语和语义的差异，过多的体系结构框架成为成功协作的障碍。统一体系结构框架（UAF）将通过提供一个公共框架进一步解决现有问题和困难。这也将有助于降低成本，促进理解，并提供真正意义上的数据交换。

目前统一体系结构框架（UAF）已经得到了一定的应用。Aurelijus Morkevicius 等通

	分类Tx	结构Sr	关联Cn	流程Pr	状态St	交互场景Is	信息If	参数Pm	约束Ct	路线图Rm	可追溯性Tr
元数据 Md	元数据分类 Md-Tx	元数据结构 Md-Sr	元数据关联 Md-Cn	元数据流程 Md-Pr	—	—			元数据约束 Md-Ct	—	元数据可追溯性 Md-Tr
战略 St	战略分类 St-Tx	战略结构 St-Sr	战略关联 St-Cn	—	战略状态 St-St	—			战略约束 St-Ct	战略部署 战略调度 St-Rm	战略可追溯性 St-Tr
作战 Op	作战分类 Op-Tx	作战结构 Op-Sr	作战关联 Op-Cn	作战流程 Op-Pr	作战状态 Op-St	作战交互场景 Op-Is			作战约束 Op-Ct	—	—
服务 Sv	服务分类 Sv-Tx	服务结构 Sv-Sr	服务关联 Sv-Cn	服务流程 Sv-Pr	服务状态 Sv-St	服务交互场景 Sv-Is	概念数据模型 Conceptual Data Model	参数环境 Environment Pm-En	服务约束 Sv-Ct	服务路线图Sv-Rm	服务可追溯性 Sv-Tr
人员 Pr	人员分类 Pr-Tx	人员结构 Pr-Sr	人员关联 Pr-Cn	人员流程 Pr-Pr	人员状态 Pr-St	人员交互场景 Pr-Is	逻辑数据模型 Logical Data Model		权限 驾驶员 性能 Pr-Ct	人员利用率 人员发展 人员预测 Pr-Rm	人员可追溯性 Pr-Tr
资源 Rs	资源分类 Rs-Tx	资源结构 Rs-Sr	资源关联 Rs-Cn	资源流程 Rs-Pr	资源状态 Rs-St	资源交互场景 Ps-Is	物理架构，真实世界结果 Physical schema, real world results	参数测量 Measurements Pm-Me	资源约束 Rs-Ct	资源演变 资源预测 Rs-Rm	资源可追溯性 Rs-Tr
安全 Sc	安全分类 Sc-Tx	安全结构 Sc-Sr	安全关联 Sc-Cn	安全流程 Sc-Pr	—	—			安全约束 Sc-Ct	—	—
项目 Pj	项目分类 Pj-Tx	项目结构 Pj-Sr	项目关联 Pj-Cn	项目活动 Pj-Pr	—	—			—	项目路线图 Pj-Rm	项目可追溯性Pj-Tr
标准 Sd	标准分类 Sd-Tx	标准结构 Sd-Sr	—	—	—	—			—	标准路线图 Sd-Rm	标准可追溯性Sd-Tr
实际资源 Ar	—	实际资源结构Ar-Sr	实际资源关联 Ar-Cn	仿真(Simulation)					参数执行/演变	—	—

字典*DC

总结&概述SmOv

需求Rq

图 8 UAF 视图矩阵

过 UAF 捕获物联网架构的潜在应用和开发互操作系统的能力，并且研究了对物联网需求和跨领域的可追溯性，描述了物联网体系结构 (IIRA) 到 UAF 的映射，并以一个实例验证 UAF 在物联网中的应用。Peter Sjöberg 等讨论研究了 UAF 持续的系统工程工作的显著影响，并以采石场为例对其工作流程建模优化，明显提高了效益。Fatma Dandashi 等认为，体系工程越来越复杂，需要一个新的体系结构框架，并讨论了利用 UAF 对神奇包裹服务（Marvelous Parcel Service，MPS）进行体系结构建模。Aurelijus Morkevicius 等基于 UAF 概要设计了一种 MBSE 网格，并利用 MBSE 网格和 SysML 的方法简化了对复杂系统的建模。Hause，Matthew 等在 UAF 中增添了人因视图，它允许用户与专业人员交互，以定量和定性的方式分析人因方面的内容。通过采用这种综合方法，分析人对整个系统性能的贡献和影响。因此，统一体系结构框架（UAF）在未来的发展将是可观的，是推动政府间、政府与企业和企业间的集成性和互操作性的基础。

3 基于模型的系统工程

3.1 基于模型的系统工程概念

3.1.1 概念、特点与内容

（1）概念

国际系统工程协会（INCOSE）2006 年发起，2007 年发布的《SE 愿景 2020》中首次给出了基于模型的系统工程（Model Based Systems Engineering，MBSE）的概念：MBSE 是建模方法的形式化应用，以支持系统从概念设计阶段开始一直持续到开发阶段和后续生命期阶段的需求、设计、分析、验证和确认活动（MBSE is the formalized application of modeling to support system requirements，design，analysis，verification and validation activities beginning in the conceptual design phase and continuing throughout development and later life cycle phases）。自从 2007 年年初 INCOSE 面向工业界、学术界发起发展 MBSE 倡议开始，此概念逐渐被业界普遍接受为 MBSE 的标准定义。

INCOSE 英国分会发布的系统工程系列中有一章的主题是“MBSE 是什么”。2012 年发布的第一版中除引用 INCOSE 标准定义外，增加了如下的解释：MBSE 使用建模方法分析和记录系统工程生命周期的关键内容，它有广泛的适用范围，横跨整个系统生命周期，纵向覆盖从体系到单个组件；2015 年发布的第二版中引用《系统工程中的 SysML》一书中的定义：MBSE 是由逻辑连贯一致的多视角系统模型驱动，进而确保系统成功实现的一种方法。

基于模型的系统工程是一种形式化的建模方法学，是为了应对基于文档的传统系统工程工作模式在复杂产品和系统研发时面临的挑战，特别是体系工程研究中多利益相关者跨领域协同的难题，以逻辑连贯一致的多视角通用系统模型作为桥梁和框架，实现跨领域模型的可追踪、可验证和全生命期内的动态关联，进而驱动贯穿于从概念方案、产品设计、工程研制直至运行维护到报废的系统全生命期内，以及从体系到系统组件各个层级内的系统工程过程和活动（包括技术过程、技术管理过程、协议过程和组织项目使能过程）。MBSE 方法的提出及应用，有效地解决了体系工程的多学科、多领域、多层次的协同交互与工程研发难题。

（2）特点

采用基于模型的方法有效地解决了以文档为中心的传统系统工程过程的大量问题，使得采用系统工程（体系工程）方法不再被工程技术人员认为是一项“附加劳动”而被动完成。同时超大型复杂系统（体系）的研发，尤其是在新一代信息技术高速发展的推动下，体系概念设计与研究得到了实质性的工程化手段支撑，将体系结构框架方法与已有的各领域建模方法（例如，软件、机械、电子系统等）有机地衔接起来。同时，借助模型的标准化和流程的规范化，促成系统工程开发过程的设计风险的最小化，避免由于产品研发后期的设计变更所带来的设计风险。其中，模型可以被应用于形式化的方法，用于实现目标产品分析、设计、优化、验证及确认等研发活动进而实现跨领域、组织、产品的整合。

（3）主要内容

基于模型的系统工程利用计算机技术、数据交换技术、系统工程技术的优势，将系统工程从原有的以文档为中心转变为以模型为中心，摒弃了过去大量的文档资料、操作手册、规范说明、接口说明等经验为指导的非定量的、难以验证的工作方式，通过建立数字化、规范化的基础模型和业务模型，发挥集成模型的优势，支持系统工程过程的分析、设计、优化、规划、评估等一系列活动的完成，并支持各个活动之间的反馈和验证。它包括方法论、建模标准、建模工具和建模人员四个部分，通过需求分析、系统功能分析和设计综合三个阶段，将系统用例、活动、时序、接口端口、状态转换等模型进行黑盒到白盒的迭代设计。在整个设计过程中可建立需求、功能、系统之间的映射关系矩阵，从而对系统需求进行跟踪与管理。设计方可根据关系矩阵来确认方案与预期结果的差异，明确未达成的需求，并分析需求、功能及系统结构设计的改变对系统整体的影响

MBSE 方法论是指导整个建模过程的一整套理论和方法，如 DoDAF 美国国防部体系架构，Harmony IBM 公司的系统工程协同过程，INCOSE 的 OOSEM（Object-Oriented Systems Engineering Method）面向对象的系统工程方法等，Dori 提出的 OPM，NASA JPL 喷气动力实验室提出的 State Analysis 状态分析。这些方法论是在不同系统不同建模背景下实践总结出来的，它规定了系统开发过程所包含的模型构建内容，以及各个阶段模型所产生的视图产品和模型视图的时序关系。此外方法论还规定了图形的使用、模型的组织结构等。

3.1.2 发展历程

2007 年，有《SE 愿景 2020》、MBSE 倡议、《MBSE 方法学调研综述》第一版、SysML 1.0 发布等标志性事件；2017 年，SysML 1.5 发布、SysML 1.4 被接纳为国际标

准。核心的系统建模语言 SysML 2.0 完全摆脱 UML 的衣钵，彻底融入广义 MBSE 体系，进而与核心的信息建模标准 STEP 实现无缝集成与映射。在此基础上，MBSE 软件环境建设和工具链研发应用以及基于 MBSE 的新一代 PLM 系统研发也在同步进行。在 2018 年 5 月的 INCOSE 的航天系统工程论坛上，《Model-Based SE Transformation》V1.3.2 版本阐明了与传统系统工程更加关注过程管理的过程工程化不同，MBSE 增加了对于系统工程过程中的信息处理与分析，更加关注实现系统工程过程中的细节与辅助决策价值。

在《SE 愿景 2020》中，提出了 MBSE 的发展路线图，如图 9 所示。

面向 2025 的发展规划，分别从改进以文档为中心的系统工程模式到定义完善的 MBSE 框架和标准，最终实现在工业界普遍制度化的 MBSE 实践与推广，通过标准的开发、流程的规范、工具与技术的不断成熟，辅之以 MBSE 方法论的推广、企业培训与教育等实现上述目标，持续提升 MBSE 的能力与成熟度。

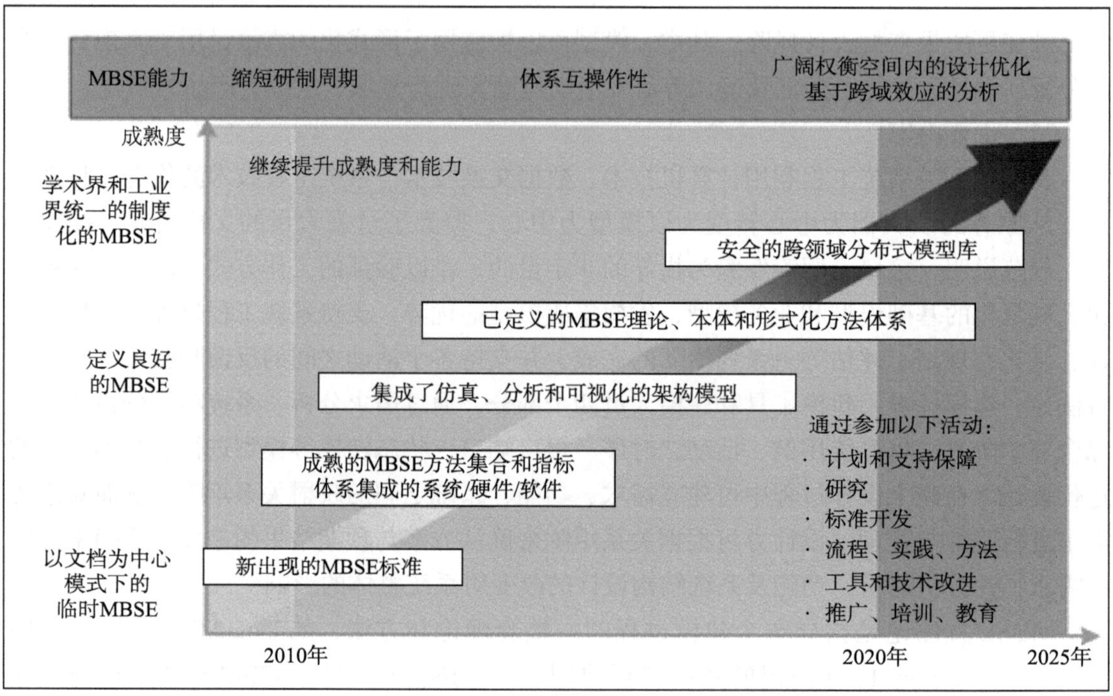

图 9　MBSE 的发展路线图

虽然中国企业与学术界围绕 MBSE 的框架、专项技术突破与行业模型实践等方面已经有了很多成果经验，但是目前尚处于学习、跟踪、工程实践的阶段，还没有提出相关的创新理论与方法，大部分关键技术与支撑工具缺少独立知识产权，在标准和规范方面需要更大范围的追赶。

同时，MBSE 能力提升本身就是个系统工程，在借鉴国外最佳实践和经验教训的基础上，与中国现行的大型工程系统运行管理模式、企业文化、人员素质与工业基础紧密相关，距离实现整个复杂系统（体系）全流程、全寿命周期的 MBSE 还有较长的路要走。

3.1.3 应用实践与支撑工具

（1）应用实践

MBSE 最初从人工物理系统（类似于我们常说的技术系统）向人工抽象系统（如商业系统、法律、政治等），进而向更广泛的人工系统和社会系统渗透，越来越普遍地应用于人类社会的方方面面。

2007 年到 2017 年是 MBSE 在航空航天、国防军工、汽车、轨道交通、医疗器械等行业大规模推广实践的时期，其间，NASA、波音、洛・马、空客等机构和公司都在整个集团高层关注和推动 MBSE 培训实施及环境和文化建设。同时，MBSE 进入石化、建筑、健康医疗、智慧城市等行业和领域。2017 年 1 月 INCOSE 成立油气工作组；同年 5 月德州墨西哥湾海岸分会首次会议召开，主题是将 MBSE 在航空航天最佳实践移植到油气行业，标志着越来越多的行业关注到 MBSE 的广阔前景。在第一批遴选的实践项目中，火灾预警卫星（FireSat）、太空通信与导航（SCaN）等项目被遴选为第一批试点的应用项目。

我国在应用 MBSE 方面起步较早，在紧跟 INCOSE 的最新标准和方法论研究的基础上，特别是在航空领域、航天领域等选取了部分的型号进行了试点，例如新一代战斗机的航电系统设计、中国商飞的整体设计、某型号航天器概念设计等都采用了 MBSE 的方法论作为指导，同时也进行了型号的实验。其中中航工业的金航数码、苏州同元等公司在 MBSE 的实践中取得了实质性的进展，国防科技大学、清华大学等高校发挥各自的学科优势，从系统工程和工业工程的角度开展了学术研究与应用实践工作。

（2）支撑工具

基于模型的系统工程理念来源于软件工程领域，致力于快速概念设计与代码生成，航天系统工程在考虑体系特点及系统互操作上与软件工程相近，都存在研发成本高，模块之间交互复杂的特点，因此使用基于模型的系统工程方法在航天论证领域很快便显示出强大的生命力，然而航天系统的设计区别于软件系统的设计，不具有编码统一，框架一致，结构封闭的特点，无法在同一个统一工具平台下完成，要实现航天系统论证的完整过程需要交互式建模、仿真、评估、规划、样机模型等不同的平台或系统分析构件进行支撑，要想完成多学科多规范下的模型集成与互操作，选取或构建一个一体化的集成设计平台是研究的一方面，另一方面则需要支撑各个模型运行的统一的语义知识基础，最重要的还是要研究如何对这些模型的内容进行交互式建模，参数与模型如何流转，如何完成一个动态的、完备的、可迭代的，具有快速响应与计算能力的模型开发过程。

Rhapsody 作为 IBM 公司在软件开发概念设计阶段实现快速概念设计、逻辑可执行校验与部分代码自动生成的软件模型驱动系统工程最佳实践工具，具有模型关联紧密，逻辑严谨，可执行等特点，并且实现了上述功能一体化集成，是选择对概念系统进行部分逻辑设计建模的首选，同时基于类似 ModelCenter 这样的复杂产品设计过程协同优化集成解决方案，在 Rhapsody 实现模型驱动的系统功能建模过程中定义集成模块和交互参数，实现 Rhapsody 和 STK、MATLAB、CAD、Excel 等工具的模型集成与互操作。

平台与外部仿真测试环境建立模型相互关联关系，对体系结构模型进行驱动模拟。外部仿真测试环境的作用在于检查体系结构设计的正确性，确定体系结构描述是否符合系统的功能性需求和非功能性需求。

IBM 的 Harmony-SE 方法论主要依靠 IBM 系列产品工具予以支撑，包括 IBM Telelogic Tau 和 Telelogic Rhapsody。现在主要是 IBM Rational Rhapsody 工具（获取网址：https://www.ibm.com/developerworks/cn/downloads/r/rhapsodydeveloper/index.html）。

OOSEM 没有采用专门开发软件的方式支持其方法论，而是选取了支持 OMG SysML 标准的工具和相应的需求管理工具作为支撑工具产品，例如 MagicDraw 等（获取网址：https://www.nomagic.com/products/magicdraw）。

JPL（NASA Jet Propulsion Laboratory）提出的 State Analysis 状态分析方法论，使用通用的 SQL 结构化数据库查询语言支撑的关系型数据库，例如 Oracle 等予以支撑。为了支持内容安全性分析等方面的内容，JPL 采用了形式化需求描述语言，通用化的太空系统组件等支持灾难分析和内部工作的描述，例如 SpecTRM（Specification Tools and Requirements Methodology）（获取网址：http://www.safeware-eng.com/software%20safety%20products/software%20safety%20products.htm）。

以色列理工大学的 Dori 提出的对象过程方法（Object-Process Methodology，OPM），支撑工具产品 OPCAT（获取网址：http://esml.iem.technion.ac.il/opcat-installation/）。

此外 InterCax 公司面向 MBSE 进行了前沿性的探索工作，特别是在多领域模型融合与交互方面，作为集成平台的先锋，开发了系列产品及平台。Syndeia 平台，实现了支撑工程小组协同一致的开发与管理全部系统模型，这些模型可以是来自不同软件产品以及生态系统的建模工具，同时可以实现对于不同数据资源来源的集成，特别是通过数字链接图的方式，将各类数据进行有机的整合管理。支持主流的建模与数据工具，如 SysML 建模 工具（如 MagicDraw，Rhapsody），PLM 系统（如 Teamcenter，Windchill），CAD 系统（如 NX，Creo），ALM 系统（如 GitHub，JIRA），项目管理系统（如 JIRA），需求管理系统（如 Jama，DOORS-NG），仿真工具（如 Mathematica and MATLAB/Simulink），数据库（如 MySQL），以及其他数据资源（如 Excel）（获取网址：http://intercax.com/products/syndeia/）。

3.2 体系结构框架下的模型驱动

体系工程研究背景下的模型与数据都是服务于特定用途的需求而定义的抽象元素，在基于模型的系统工程方法中，系统的模型是最主要的“工件”，并且被管理、控制，并和系统技术基线的其他部分进行集成和调用，一般的模型更多地支持利益相关者的需求表示和技术工程师的设计思维与理念；数据则在全过程中发挥着辅助决策的作用。随着大数据与人工智能的快速发展，模型与数据的边界在很多方面已经不再那么清晰，例如运用复杂网络方法实现的模型关联挖掘，通过可视化的方式展现给决策者，能够有效地支持快速判断与决策；而比如大数据中的数据分析，可以通过数据可视化的方式作为一种模型，融入系统工程过程中，辅助进行概念展示。

如 1.3 节所展示的体系科学研究发展的热点领域中，大部分都与模型、数据紧密关联，特别是 CPS 的广泛使用，使得更多的数据可以被采集，作为支撑系统工程各阶段、各层次子系统定量化准确描述的最有力的“证据”。

3.2.1 模型

模型是基于模型系统工程的核心，一般意义上的模型是指“通过主观意识借助实体或者虚拟表现构成客观阐述形态结构的一种表达目的的物件”，可以是抽象的和也可以是具体的，可以是物理的也可以是虚拟的。模型的分类很多，各类模型差别也非常大，比较常见的包括以下几种。科学模型：科学研究中对事物的合理简化，例如牛顿力学模型、氢原子的玻尔模型；数学模型：对所描述的对象用数学语言所做出的描述和处理；图像模型：图形、图像等形式的模型，通常是二维的；语义模型：主要以自然语言表达的模型，或指人的意识中的特定表达；物质模型：实物构成的，通常是三维有形物体；抽象模型：区别于物质模型等的一种划分；模拟模型：具有与原物不同的材质，但相似的结构等，还有很多人文社科及管理领域的模型，如人力资源模型等。

模型就是针对建模对象（研究对象）中建模者感兴趣的某些方面特征的近似表征，建模就是运用某种建模语言和建模工具来建立模型的过程，仿真是对模型的实施与执行。模型是我们思考问题的基本方法，是设计工作的思维基础。实际上，各专业学科及系统工程一直在使用建模与仿真方法，MBSE 并不是对建模方法的首次采用。

系统工程是综合与协调各类专业学科的专业，对于体系工程而言，则需要再更高层次横跨多个专业完成模型的集成与管理。随着计算机与信息技术的快速发展，各专业学科在利用模型方面十分深入，并且成为其学科研究不可或缺的手段，比如机械、电子、软件等。从系统工程过程看，概念开发、工程研发、设计、制造的各个流程都在应用基于模型的方法，基于模型的工业制造，基于模型的建筑工程设计等方法的专业学科在应用建模技术方面领先于系统工程学科。

随着人工智能和大数据时代的来临，为系统工程多领域模型的集成与建模提供了强大的信息技术的支撑，而随着各类领域模型的不断丰富与积累，使得更高层次的体系工程建模成为可能。但是由统计学家乔治·博克 1976 年在美国统计学会刊正式给出的对于模型认识较为客观的“格言”：“所有的模型都是错误（All models are wrong）”，现在被大家广泛推广到统计模型以外的一般的科学模型，经常被扩展为“所有模型都错了，但有些模型很有用（All models are wrong，but some are useful）”。这种对于模型的看法更为贴切地刻画了系统工程领域的模型，它是在不断地逼近真实世界，但是从来也无法“正确”如数学模型和物理模型那样成为“真理”，例如趋势预测模型等，同时随着大数据的爆发式普及，使得许多原来无法企及的现实“浮现”在我们眼前，并且可以作为一类模型存储并表现出来。

3.2.2 数据

抽象意义而言，数据是指未经过处理的原始记录。是事实或观察的结果，是对客观事物的逻辑归纳，是用于表示客观事物的未经加工的原始素材，是关于事件的一组离散且客观的事实描述，是构成消息和知识的原始材料。

数据是指对客观事件进行记录并可以鉴别的符号，是对客观事物的性质、状态以及相互关系等进行记载的符号或这些符号的组合，数据是科学实验、检验、统计等所获得的和用于科学研究、技术设计、查证、决策等的数值。

在计算机科学中，数据是指能输入到计算机并被计算机程序处理的符号的总称，是用于输入电子计算机进行处理，具有一定意义的数字、字母、符号和模拟量等的通称。现在计算机存储和处理的对象十分广泛，表示这些对象的数据也随之变得越来越复杂。数据的表现形式还不能完全表达其内容，需要经过解释，数据和关于数据的解释是不可分的。信息与数据既有联系，又有区别。数据是信息的表现形式和载体，可以是符号、文字、数字、语音、图像、视频等。而信息是数据的内涵，信息加载于数据之上，对数据做具有含义的解释。数据和信息是不可分离的，信息依赖数据来表达，数据则生动具体地表达出信息。数据是符号，是物理性的，信息是对数据进行加工处理之后所得到的并对决策产生影响的数据，是逻辑性和观念性的；数据是信息的表现形式，信息是数据有意义的表示。数据是信息的表达、载体，信息是数据的内涵，是形与质的关系。数据本身没有意义，数据只有对实体行为产生影响时才成为信息。

我们现在更多时候讲的数据是计算机学科中的电子化的数据，从应用的角度看包括地理数据、文化数据、科学数据、交通数据、自然数据、统计数据、金融数据等。

对于系统工程领域而言，数据更多地以计算机科学中定义的形式予以存储和调用，在体系工程的研发中，具有多种类型的数据，这些数据是利益相关者从不同视角进行判断与决策的支撑依据，特别地，伴生于模型的大量数据，则富含了更多的信息，通过模型的不同组合与属性内涵，将为各类决策提供明确的表达事物的意义。

3.2.3 体系工程中的模型与数据

在体系工程中，模型似乎成了主角，但实质上系统工程的最终目的是辅助人进行科学的规划、设计与判断决策，更多的价值需要通过分析与评价得出，而这些仅仅依靠传统意义上的模型则存在一定不足，随着领域模型的分辨率不断提升，特别是 CPS 传感器的广泛使用，使得大量数据的获取成为可能，同时保证了数据获取的时效性和准确性，这些都提升和保证了系统工程管理的顺利实施及其价值的扩大化。

按体系架构视角划分对模型进行分类：DoDAF 按照 8 个视角定义了 52 个模型。这 8 个视角是利益攸关者视角，包括全视角、能力视角、作战（业务）视角、系统视角、服务视角、数据和信息视角、标准视角、项目视角。这 52 个模型是对问题空间和解决方案空间的一种划分。对于系统工程建模要求而言，模型作为工程语言，在保证模型与被描述对象的明确、完整、可追溯、一致的基础上，不需要拘泥于模型的具体形式。

MBSE 是利用共用模型描述问题并管理研发数据的系统工程方法。所说的“共用模型”是指在项目团队中对模型有共同的理解，理想情况是跨团队甚至跨专业领域也能对模型有共同的理解。各类用户正在期望从 MBSE 上寻求更多的附加值，在 MBSE 的基础上，将模型与数据相融合，实现体系分析与评估的定性与定量的综合集成，促成系统工程管理的全面实施。

而 DoDAF 2.0 的手册中对体系结构给出了本质的解释：体系结构是技术专家将决策者的需求转化为工程师可以用来设计解决方案的数据集。清晰地表达出体系结构框架的实质是支撑决策者解决问题的一种有效手段，而其手段是利用定量化的数据，数据的来源除了一般意义的数据库保存的各类数据以外，MBSE 中还额外提供了一类融合更多内涵的数据，这些伴生于模型的数据通过可执行、网络聚合、可视化等方式进行运算，得到更多的有效信息和知识，辅助决策者进行判断。3.3 节中所研究的模型与数据相融合的体系分析中的数据更侧重于此类数据。

3.3 模型与数据相融合的体系分析

随着社会科学技术的发展进步，数据的收集和存储变得越来越容易，挖掘数据中存在的价值让我们的决策变得更加智能，数据化、智能化的分析手段越来越成为趋势和主题，面对体系背景下需求分析、结构设计、能力评估等过程中考虑因素越来越多，涉及领域及模型越来越复杂的问题，传统的对于单个模型开展的分析方法已不再适用，因此这也为论证过程的数据化、智能化提出了迫切的需求。论证工作中领域本体和知识工程作为元模型的理论基础，同样也作为使数据包含语义，驱动智能决策的重要手段，具有重要的研究意义。

模型是使用逻辑严谨的图形描述方式对业务过程中所涉及的关于系统的概念、结构、行为和关系的规范和整理，MBSE 提出后得到很多系统工程领域专家的认可，正成为复杂系统设计的基础，从需求分析阶段开始一直到评估阶段的复杂系统设计过程，模型成为设计的核心，通过模型的不断演化、迭代递增来实现复杂系统的系统设计，针对未来体系结构日趋复杂，数据逐渐增多，数据中蕴含的价值越来越大的特征，构建一个开放式、一体化的系统互操作架构显得十分重要，高速的计算能力使模型的构建、执行和大数据量的数据处理变得更加高效，也为模型和数据融合提供了技术环境。要实现模型与数据融合方法在系统工程领域的应用需要三方面的技术支持，如图 10 所示。首先是基于元模型的体系架构设计方法，体系架构为系统工程的执行过程提供了规范的语义框架和执行指导，元模型是实现数据融合的基础；其次是模型驱动的体系结构集成方法，将各决策阶段所需要的支撑工具基于统一的数据源集成在一套业务框架下进行实现；最后是开放的数据分析接口和框架，基于开放的数据接口，数据驱动的工程支撑方法可以将分析结果反馈到设计过程中，帮助工程师进行方案调整。模型与数据融合的实质是将数据中所包含的信息作为模型的补充和依据，其中模型包括所有论证相关的模型，数据包括试验数据、仿真数据、历史数据、实际运行数据、类似产品数据等，通过多种数据分析手段以及决策方法为模型的执行、验证提供支撑。

首先基于大数据思维，通过聚类、序列模式挖掘、关联等算法分析集成验证与分析平台中各模型数据之间的关系。然后通过数据挖掘手段获取系统性能预测模型。最后通过控制理论，从演化规律中找到关键参数进行定量控制，以保证系统性能达到要求。形成数据驱动的“关联 – 预测 – 调控”的体系分析与控制新模式。

1）关联是指通过对模型产生数据的关联分析，发现隐藏其中的关系。需要在清洗、分类与集成等数据预处理的基础上，构建制造数据时序模型并挖掘序列模式，实现不同来源数据的关联分析，挖掘数据之间的影响规律。

2）预测是指利用关联分析结果，描述数据与系统性能指标的内在关系。通过将系统性能数据化，建立模型描述模型数据对系统性能指标数据的影响规律，实现系统性能预测。

3）优化是指基于系统性能预测模型，寻找系统运行的关键性能参数并进行控制。运用智能优化算法等手段对系统性能进行优化。

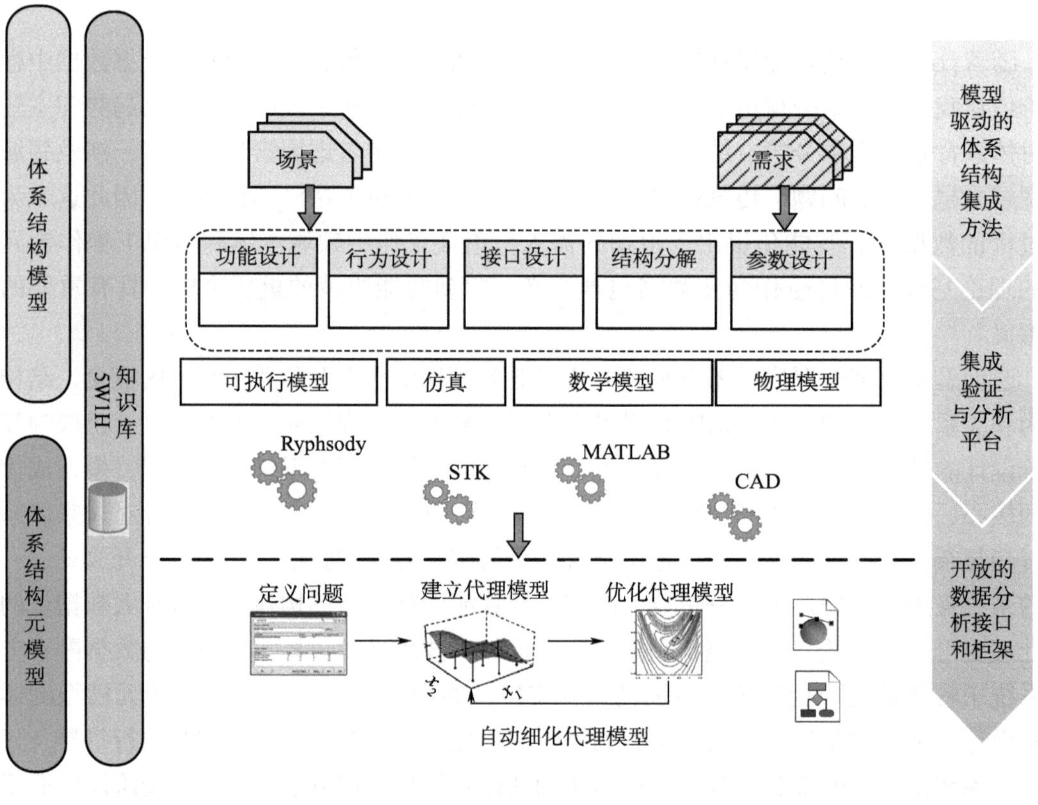

图 10　模型与数据融合的体系分析框架

3.3.1 高维多源异构数据预处理技术

按照体系结构框架生产的各类模型及其相关数据，按照 MBSE 的模式将多个学科领域的不同分辨率、不同层次的数据进行统一利用，则是典型的海量高维多源异构数据，对这类数据的综合集成及支撑评估是体系工程发挥重要价值的关键。对上述数据的预处理是最为基础的一步，包括过滤规则多级组合优化、基于本体论的数据统一建模和基于字典学习的多维视图构建，可分别实现体系数据的清洗去噪、建模集成与多尺度分类。

（1）过滤规则多级组合优化的数据清洗

从各个层级获取的体系数据可能存在数据残缺、数据错误、数据冲突与数据重复等多种情况，这些情况降低了数据的可用性和可靠性，如航天工业中轴承制造数据可能因检测设备漏测而存在空值，可能因检测设备异常而存在错误值，也可能因检测设备在同一空间位置采样而存在重复值，因此需要定义空值非法值，不一致数据与相似重复记录的检测与处理规则，以构建传统的数据过滤器，在此基础上进一步研究过滤规则的多级优化组合方式，分析多级过滤器的不同组合对数据质量的影响，通过多级过滤结构优化实现车间制造大数据清洗，提高数据可信度。

（2）基于本体论的数据建模集成

体系数据同时存在多源异构特点，如非结构化的系统日志信息、CAD 图、半结构化的系统各类表单与结构化的数字数据信息，因此需要基于本体论，提出面向全局的体系数据模型与关系描述，通过本体构建定义数据的多维度语境与相应度量值并在数据集成中间件中转换为全局数据模型。特别需要建立半结构化和非结构化数据的结构化文本的描述手段，以实现对结构化、半结构化与非结构化制造数据的统一建模。

（3）基于字典学习的多维视图构建

体系运行分析与决策存在制造数据复用需求，如装备体系中的装备能力数据既要在作战活动模型中使用，也要在装备体系评估时使用。由于在多维数据库中存在大量稀疏矩阵，需要建立体系数据的稀疏表示框架，比如基于维度成员字典的在线学习方法，根据指定尺度下的维度成员分布对数据进行按列簇聚类，以快速建立体系数据的多维分类视图，为体系运行分析与决策的具体应用提供支持。

3.3.2 体系多维数据关系网络建模与关联分析技术

能力、装备系统、作战活动和技术要素的映射关系隐含于 DoDAF 2.0 中的不同视图产品模型中。这些映射关系在 DoDAF 2.0 中具体表现为映射关系矩阵、静态结构实体—关系或动态行为消息传递三种模式。然而，基于多视图的体系结构描述方法将体系微观关系分散于不同的视图产品中，难以通过一个完整模型窥探体系微观关系的整体。能力、装备系统、技术、作战活动、性能指标之间存在着十种映射关系。表 1 列出了这十类映射关系及其来源于的视图产品模型。

表 1　十种映射关系及描述模型的转换

代码	映射实体	关系内容	视图产品到模型的转换	
			视图产品	转换方法
C-C	能力对能力	能力之间相互依赖关系	CV-2	UG2MXProcess
			CV-4	UG2MXProcess
C-S	能力对装备系统	装备系统功能对能力的支撑关系	CV-7	TL2MXRule
C-A	能力对作战活动	能力对作战活动的支撑关系	CV-6	TL2MXRule
S-S	装备系统对装备系统	装备系统之间接口关系和作战信息流转关系	SV-3	TL2MXRule
			SV-6	TL2MXRule
S-A	装备系统对作战活动	装备系统对作战活动的支撑关系	SV-5b	TL2MXRule
A-A	作战活动对作战活动	作战活动之间的输入与输出关系	OV-5b	UG2MXProcess
			OV-6b	—
			OV-6c	—
T-C	技术对能力	技术对能力的支撑关系	TV-6	TL2MXRule
T-S	技术对装备系统	技术与系统之间的支撑关系	TV-1	TL2MXRule
S-P	装备系统对性能指标	系统与性能指标之间的关联关系	SV-7a	TL2MXRule
P-P	性能指标对性能指标	性能指标之间的相互依赖关系	SV-7b	TL2MXRule

表 1 中的各类关系内容定义如下：

关联关系：满足 UML 标准。关联关系是一种结构化的关系，仅标识出类之间的一般关系。关联关系是无向关系。

依赖关系：满足 UML 标准。依赖关系表示了这样一种情形，依赖关系提供者的某些变化会要求或指示依赖关系指向的实体做出相应的变化。因此，依赖关系是有向的。

支撑关系：如果 A 对 B 具有支撑关系，则指 B 目标的实现需要 A 的支持。支撑关系为有向关系，即假设 A 支撑 B，B 不一定支撑 A。

表 1 中最后一列标示了映射关系来源的视图产品。分析表中所列视图产品可知，表中映射关系所对应的视图产品涵盖了 DoDAF 2.0 中的三种关系模式。下面讨论从三类关系模式中如何获得基于 DSM/DMM 的映射关系模型。

映射关系矩阵是一种结构化的表格，用于描述同一系统或两个不同系统中所包含元素之间的相互依赖关系。映射关系矩阵一般形式化表示为一个 $n \times m$ 的矩阵。如果行和列分别来自同一类系统元素，则映射关系矩阵是一个 $n \times n$ 的平方阵。矩阵中，第 i 行和第 j 列的交汇单元格标记了第 i 行元素和第 j 列元素之间的映射关系。采用标记映射关系的方法有多种，常见的是布尔标记法。布尔标记法指如果存在映射关系则采用特殊符号进行标记，否则不进行标记。除布尔标记法外，映射等级标记法将元素之间的映射关系分为无映射、弱映射、中映射和强映射四个等级分别予以标注。映射关系矩阵在体系结构视图产品描述中被广泛采用，如 CV-5、CV-6、CV-7、PV-3、SV-3、SV-5、SV-7、SvcV-3、SvcV-5、SvcV-7 等。

映射关系矩阵模式可以自然转换到 DSM/DMM 模型。在转换时遵循如下约定：

1）若映射关系矩阵元素来自同一系统元素，则转化为 DSM 模型，否则转化为 DMM 模型；

2）转换后的行和列元素名称及次序保持不变；

3）不管先前采用何种方式标识映射关系，在转化为 DSM/DMM 模型后统一采用布尔标记法，即若第 i 行和第 j 列至少存在一种形式的关联关系则在第 i 行和第 j 列交汇处进行标记，否则不进行标记。

利用 TL2MXRule 法则、UG2MXProcess 转换方法和 DSM 模型综合方法可以将表 1 中十类映射对应的来源视图产品进行转换，最终获得 10 类映射关系的实例。综合上述内容可以获得体系结构关系建模核心要素的关系拓展图（见图 11）。该图形象地展示了能力 (C)、装备系统 (S)、技术 (T)、作战活动 (A) 和性能指标 (P) 之间的映射关系和来源。

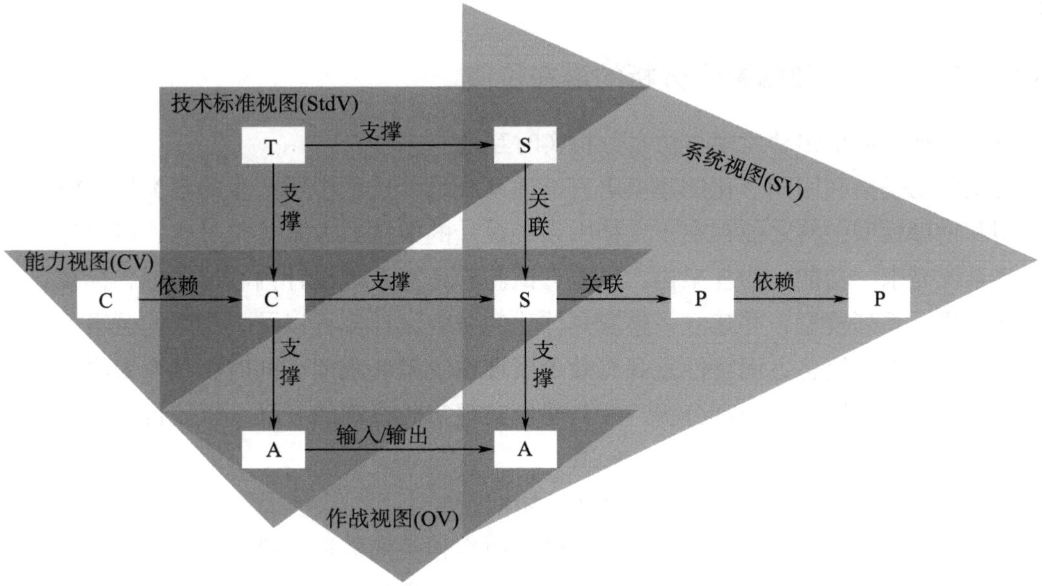

图 11　体系结构关系建模核心要素关系拓展图

对图 11 刻画的十类映射关系转换为 DSM/DMM 模型，最终扩展可以获得体系结构关系的一个超立方映射模型，如图 12 所示。

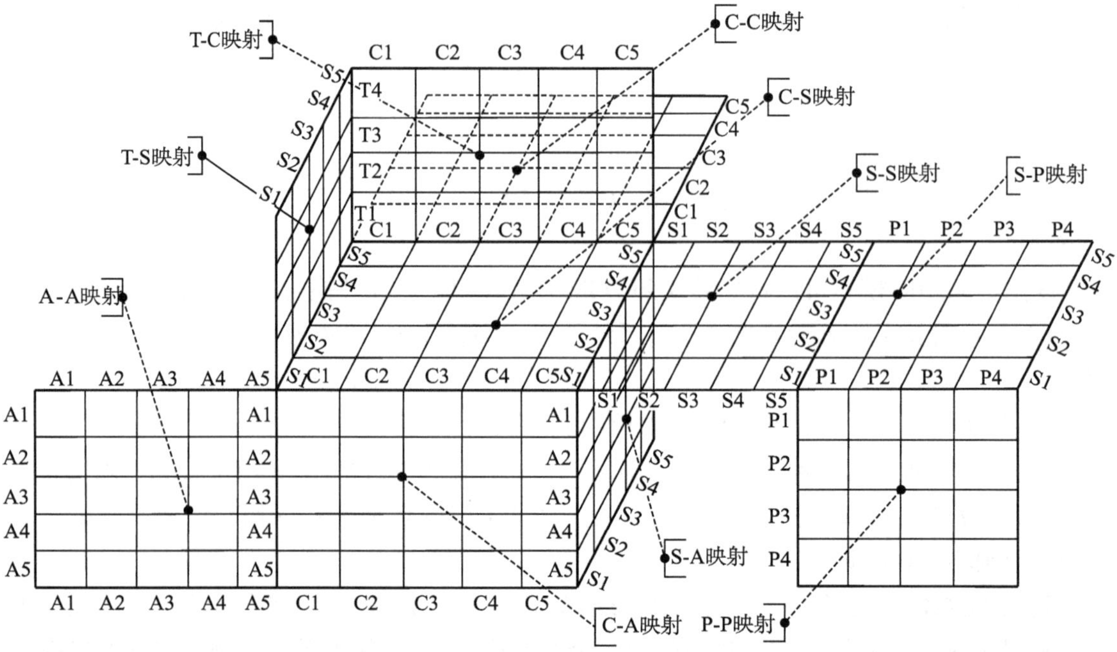

图 12　体系结构关系的超立方映射模型

通过图 12 描述的模型，可以对体系结构关系建模中的五个核心要素进行关系分析和验证。

3.3.3　基于模型与数据融合分析的潜在价值

（1）直观：模型驱动建模与仿真分析实时互动

模型驱动是指利用图形化的建模语言描述系统设计过程中所产生的各类概念模型、逻辑模型和物理模型，将之前存在于文档中系统设计的架构、方案等符号化、可视化、数据化，将系统需求、功能、物理架构、风险、试验验证等系统设计内容以图形、标准、规范等形式形成一系列模型，并建立一整套具体化的系统设计流程以及模型间的逻辑关系。借助模型驱动，将系统各方面特性直观有效地展现在决策者眼前。同时，结合采集到的大量数据，对系统可靠性进行仿真分析，并与建模实现实时直观的互动，以使得分析水平和分析效率得到全方位的提高。

（2）协同：统一数据源，产品研发团队协同设计

借助模型与数据结合的分析方法，将涉及内容相关的数据与模型进行对应集成，对数据源进行统一的管理和处理，辅助产品研发团队科学高效开展工作。从而减少研发团队在数据方面的重复工作。

（3）高效：建立跨部门跨学科研发团队

利用传统的基于文档的建模分析方法，由于专业背景不同和文字易产生的二义性，不同专业领域的研究人员难以实现流畅的交流和合作。借助模型的可视化和数据的无二义

性，面向数据与模型相结合的分析方法可将待研究的系统信息一致地展现给跨学科研发团队，减少由于沟通障碍引起的工作重复与返工现象，从而提高跨学科研发团队的研发和分析效率。

（4）重用：支持跨领域、跨任务的模型、数据集成

面向数据与模型相结合的分析方法可实现模型和数据的重用。针对航天飞行器领域所构建的模型、采用的数据集成与分析方法，在稍加修改后，同样可以转化应用至其他专业领域的研究，减少研究人员的重复冗余工作，提高工作效率。

参 考 文 献

[1] 钱学森．论系统工程：新世纪版 [M]．上海：上海交通大学出版社，2007.

[2] NASA. NASA systems engineering handbook [Z]. Washington D. C.: NASA, 2007.

[3] HANS-PETER HOFFMANN. Systems engineering best practices with the rational workbench for systems and software engineering [S]. 2010.

[4] SADRAEY M H. Aircraft design: A systems engineering approach [M]// Aircraft design: a systems engineering approach. Wiley, 2012.

[5] ENGINEERING ICOS. INCOSE systems engineering handbook: A guide for system life cycle processes and activities [M]. 2015.

[6] SR HIRSHORN，LD VOSS, LK BROMLEY. NASA systems engineering handbook [Z]. Washington DC: NASA, 2016.

[7] Office of the deputy assistant secretary of defense for systems engineering. Systems engineering guide. Best practices for using systems engineering standards (ISO/IEC/IEEE 15288, IEEE 15288.1, and IEEE 15288.2) on contracts for department of defense acquisition programs [S]. 2017.

[8] B BEIHOFF, C OSTER, S FRIEDENTHAL. A world in motion – systems engineering vision 2025[Z]. INCOSE，2014.

[9] KRISTEN BALDWIN. Model-based systems engineering: enabling the digital engineering practice in the department of defense [J]. Getting It Right, 2017.

[10] MITRE. MITRE systems engineering guide [S]. 2014.

[11] BOORD W, HOFFMAN J B. Air and missile defense systems engineering [J]. Taylor & Francis Usa，2015.

[12] KENDALL F. Department of defense instruction [J]. Archives of biochemistry & biophysics，2013，545(3):167-178.

[13] SMITH J A，HARIKUMAR J，RUTH B G. An army-centric System of Systems Analysis (SoSA) Definition [J]. 2011.

[14] JAMSHIDI M. System of systems engineering-innovations for the 21st century[M]. New York，USA: John Wiley & Sons. 2009.

[15] Model based systems engineering MBSE initiative. INCOSE. [EB/OL]. 2007.

[16] Model-based SE transformation version 1.3.2 [EB/OL]. aerospace corporation system engineering forum, 2018.

[17] JEFF A ESTEFAN. Survey of Model-Based Systems Engineering(MBSE) methodologies. INCOSE MBSE initiative. 2008.5.

[18] GEORGE E P. Box science and statistics, journal of the american statistical association, 1976, 71:356, 791-799.

[19] 杨克巍，赵青松，等．体系需求工程技术与方法 [M]．北京：科学出版社，2011.

[20] 杨克巍，李明浩，等．装备体系建模、分析理论与应用 [M]．长沙：国防科技大学出版社，2015.

[21] PETER SJÖBERG, LARS-OLOF KIHLSTRÖM. An industrial example of using enterprise architecture to speed up systems development [C]. 27th annual INCOSE international symposium. Adelaide, Australia, July, 2017.

[22] FATMA DANDASHI, MATTHEW C HAUSE. UAF for system of systems modeling [C]. 2015 10th system of systems engineering conference, 2015: 199-204.

[23] AURELIJUS MORKEVICIUS, LINA BISIKIRSKIENE, GRAHAM BLEAKLEY. Using a Systems of Systems modeling approach for developing Industrial Internet of Things applications.

[24] AURELIJUS MORKEVICIUS. AISTE ALEKSANDRAVICIENE, et al. MBSE grid: A simplified sysml-based approach for modeling complex systems.

[25] U.S. Department of defense, "DoD architecture framework version 2.02" [EB/OL]. DoD deputy chief information officer, 2012, http://dodcio.defense.gov/Library/DoD-architecture-framework/.

[26] U.K. Ministry of Defence, "MoD architectural framework v1.2", office of public sector information, 2008. http://www.modaf.org.uk/.

[27] NATO, "NATO architecture framework v4.0 documentation", 2016. http://nafdocs.org/viewpoints.

美军装备体系化建设的做法及最新情况

王　磊[1]，艾克武[2]，战晓苏[2]

1．中国航天系统科学与工程研究院；2．军事科学院评估论证研究中心

摘　要　本文对美军装备体系化建设的主要做法及最新情况做了系统的分析梳理，归纳总结为四个方面：一是构建集中统管的装备采办管理体制，对装备体系建设实施有效管理；二是建立完善装备建设顶层设计机制，指导和牵引装备体系化建设；三是积极推行跨军种联合采办模式，提高装备的体系化系列化水平；四是加强装备采办实施情况评估监督，确保装备体系化建设有序开展与持续改进。

关键词　美军；装备体系；管理体制；顶层设计；联合采办；评估监督

美军通过建立集中统管的管理体制、完善基于体系结构的顶层设计机制、实施跨军种的联合采办模式，从根本上保证全军装备体系化建设；通过组织采办实施情况的评估监督，确保体系化建设要求有效落实和管理方法持续改进。分析和介绍美军武器装备体系建设的最新进展和动向，从上述四个方面展开并适当回顾其发展历程，可以形成系统全面的印象，更好地认识其改革完善的背景和原因。

1　构建集中统管的装备采办管理体制，对装备体系建设实施有效管理

美军高度重视装备建设集中统管，经过长期调整改革，逐步形成了目前国防部集中领导、军种分散实施的管理体制，并通过不断加强国防部对装备建设的集中统管力度，有效保证全军装备成体系建设。

1.1　建立国防部集中统管的采办管理体制，为全军装备体系化建设提供有力的组织保证

美国国防部设立采办执行官，由副部长级官员担任，负责制定武器装备发展方针政策，审查和管理重要武器系统的采办计划，并统一领导国防合同的履行监督、合同审计、合同支付与合同仲裁，协调军种装备采办工作。另外，国防部也直接管理一些重大装备采办项目，如导弹防御局、国防信息系统局对重大、通用性项目实施统管。长期以来，国防部采办执行官由负责采办、技术与后勤的副国防部长担任。2016 年 12 月 23 日，美国国

会颁布《2017 财年国防授权法》，要求国防部拆分负责采办、技术与后勤的副国防部长职能，分设负责研究与工程的副国防部长和负责采办与保障的副国防部长。2018 年 7 月，美国国防部发布《成立负责研究与工程的副国防部长办公室及负责采办与保障的副国防部长办公室备忘录》，根据该备忘录，美军负责采办与保障的副国防部长的组织体系如图 1 所示。

各军种设立采办执行官，接受国防部和本军种部长的双重领导，负责领导和监管本军种的装备采办工作。陆军采办执行官由采办、后勤与技术助理陆军部长担任，海军采办执行官由采办助理海军部长担任，空军采办执行官由研究、发展与采办助理空军部长担任，如图 2 所示。

美军设立了国防采办委员会，开展重大装备项目的决策与审查。委员会由采办与保障副国防部长任主席，参联会副主席任副主席，成员包括 5 名副国防部长（负责研究与工程的副部长、主计长、负责政策的副部长、负责人员与战备的副部长、负责情报的副部长）、作战试验鉴定局局长以及各军种部长等，列席人员还包括采办与保障副国防部长下属的各助理部长与帮办，以及相关计划执行官、项目主任等。必要时，还可要求其他部门领导参加，如图 3 所示。美军通过国防采办委员会，加强对装备体系化建设的决策与管理，有效推动装备体系化建设的顺利实施与过程管控。

1.2 构建专业化的装备采办项目管理体系，确保各类型装备成体系建设与科学化管理

美军装备采办实行项目管理制度，并构建了体系完备的装备采办项目管理体系。在国防部采办执行官与各军种采办执行官的领导下，美军按照装备的性质与类型，从装备体系化建设的角度，组成多个项目办公室，对装备采办项目实施管理。

陆军参谋部下设 12 个一级司令部，其中装备司令部主要负责陆军采办的具体实施。装备司令部下辖 10 个业务司令部，包括研究、工程与开发司令部，保障司令部，安全援助司令部，合同签订司令部，联合弹药司令部，通信与电子设备全寿命管理司令部，航空与导弹全寿命管理司令部，坦克装甲车辆与军备全寿命管理司令部，联合弹药与致命武器全寿命管理司令部，军事地面部署与配送司令部。陆军司令部总人数超过 6 万人，其中合同签订司令部总人数超过 6 000 名，航空与导弹全寿命管理司令部人数超过 8 800 名，坦克装甲车辆与军备全寿命管理司令部总人数超过 19 000 名。

陆军共设立了 11 个计划执行官，其中，负责采办、技术与后勤的助理部长下设 3 个计划执行官办公室，陆军装备司令部下设 8 个计划执行官办公室。每个计划执行官办公室分别下设一个或多个项目办公室，如图 4 所示。

美国海军国防采办由海军部长统一领导，负责研究、发展与采办的助理部长具体管理，该助理部长任海军采办执行官，对作战部长下属的 5 个系统司令部内的计划执行官办公室直接进行业务指导，如图 5 所示。

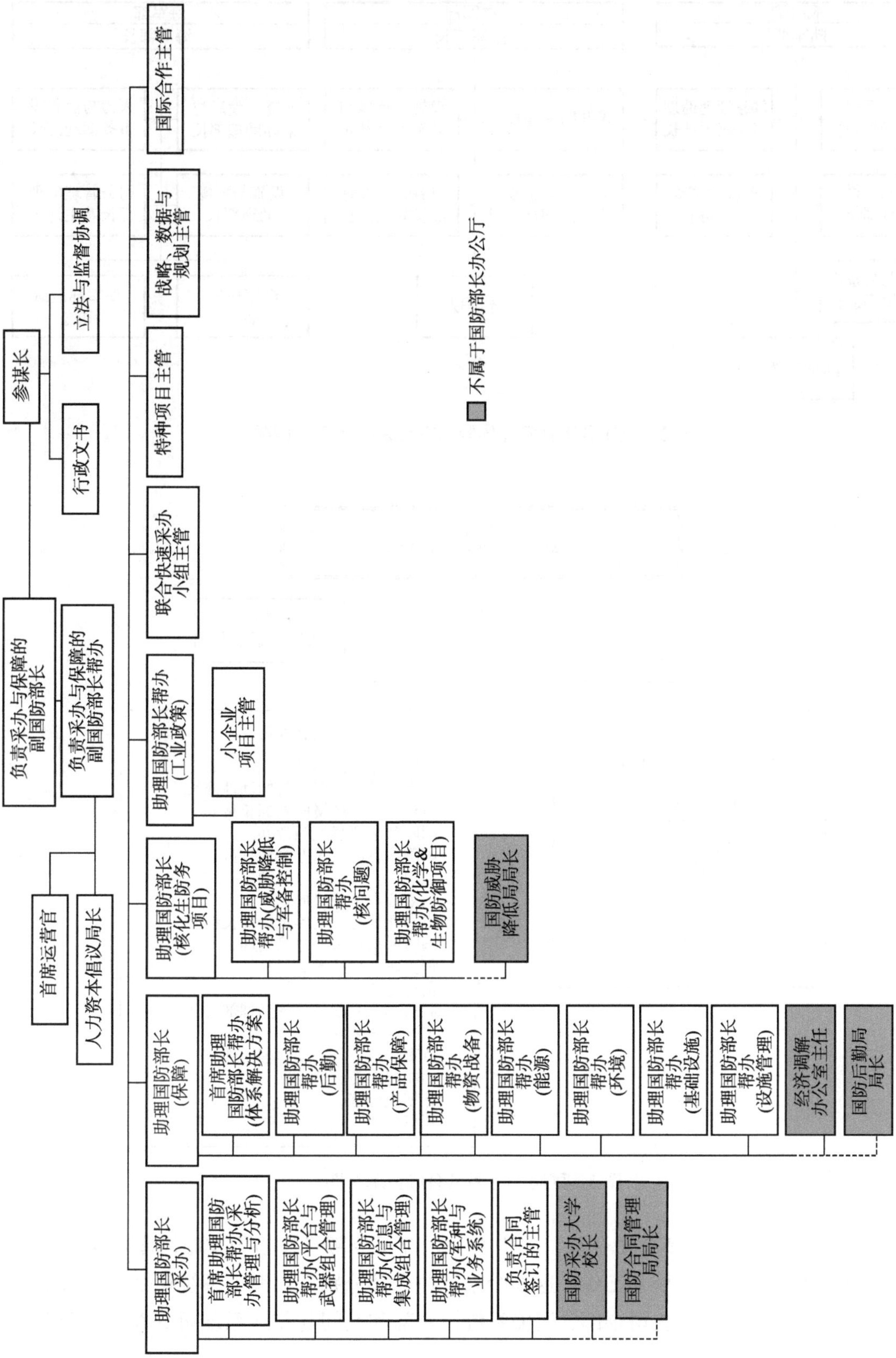

图1 负责采办与保障的副国防部长办公室组织体系

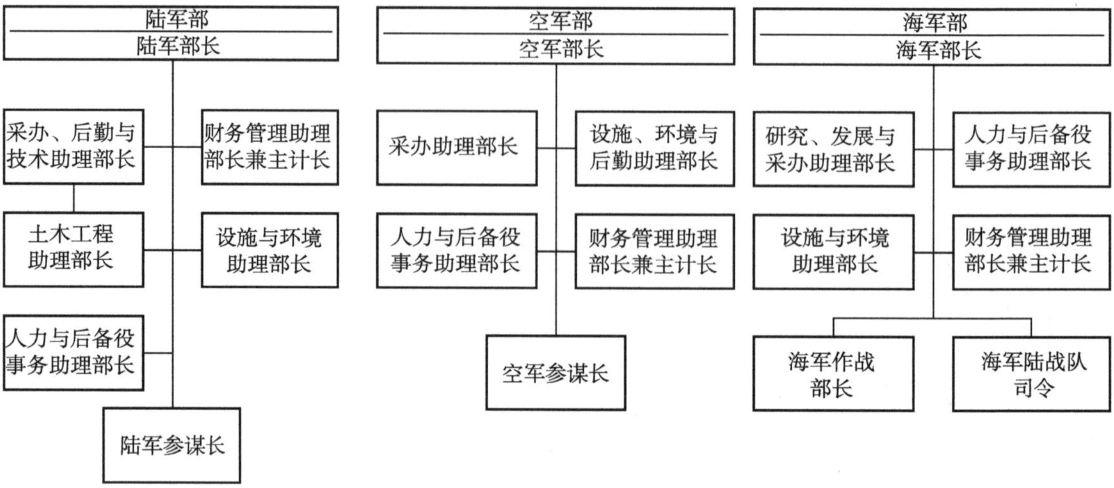

图 2　美军各军种管理体制及军种采办执行官情况

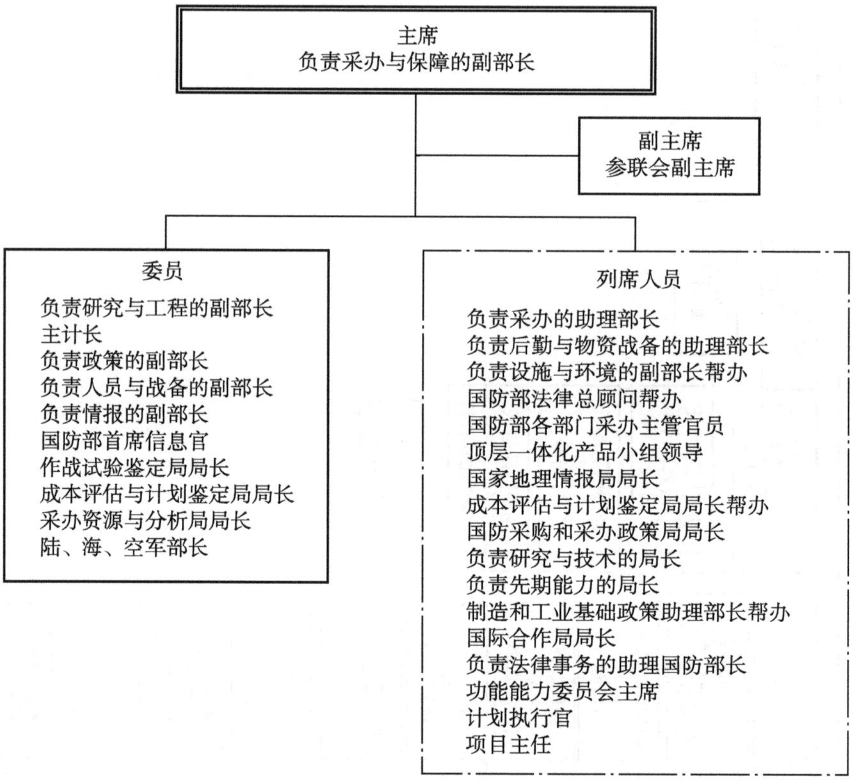

图 3　国防采办委员会成员示意图

海军作战部下设 30 多个司令部，其中 5 个系统司令部具体组织实施海军国防采办计划，分别负责各领域国防采办工作，这 5 个系统司令部分别是：海上系统司令部、航空系统司令部、设施与工程系统司令部、运输系统司令部和空间与作战系统司令部，每个系统

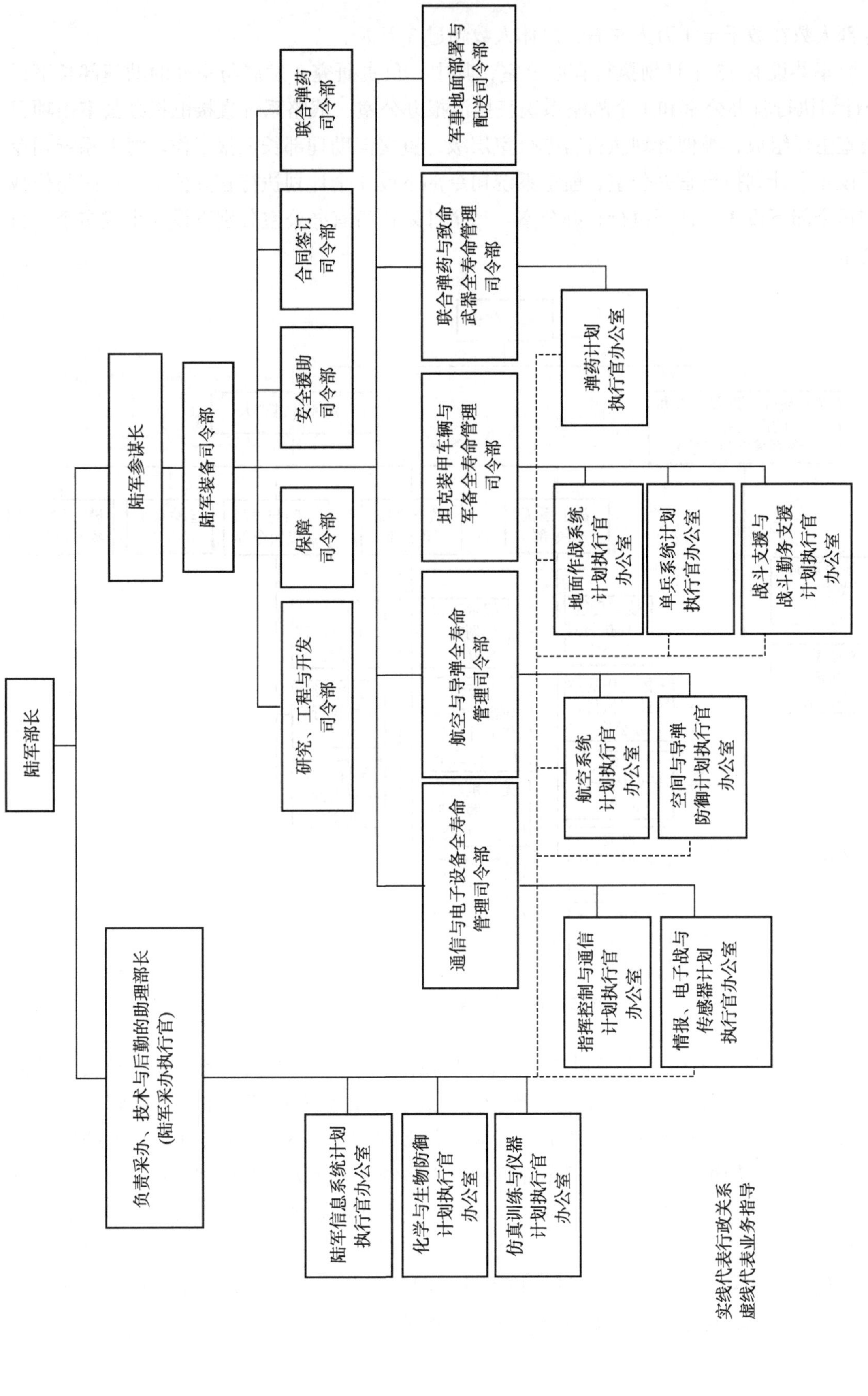

图 4 陆军国防采办管理组织体每户

司令部人数在数千至 1 万人左右，总体人数超过 3 万人。

海军共设有 13 个计划执行官办公室，其中，负责研究、发展与采办的助理部长下设 1 个计划执行官办公室和 1 个战略系统直接汇报办公室，战略系统直接汇报办公室由项目办公室主任组成，类似计划执行官办公室层级，直接向助理部长汇报工作。海上系统司令部下设 4 个计划执行官办公室，航空系统司令部下设 4 个计划执行官办公室，空间与作战系统司令部下设 3 个计划执行官办公室。每个计划执行官办公室分别下设一个或多个项目办公室。

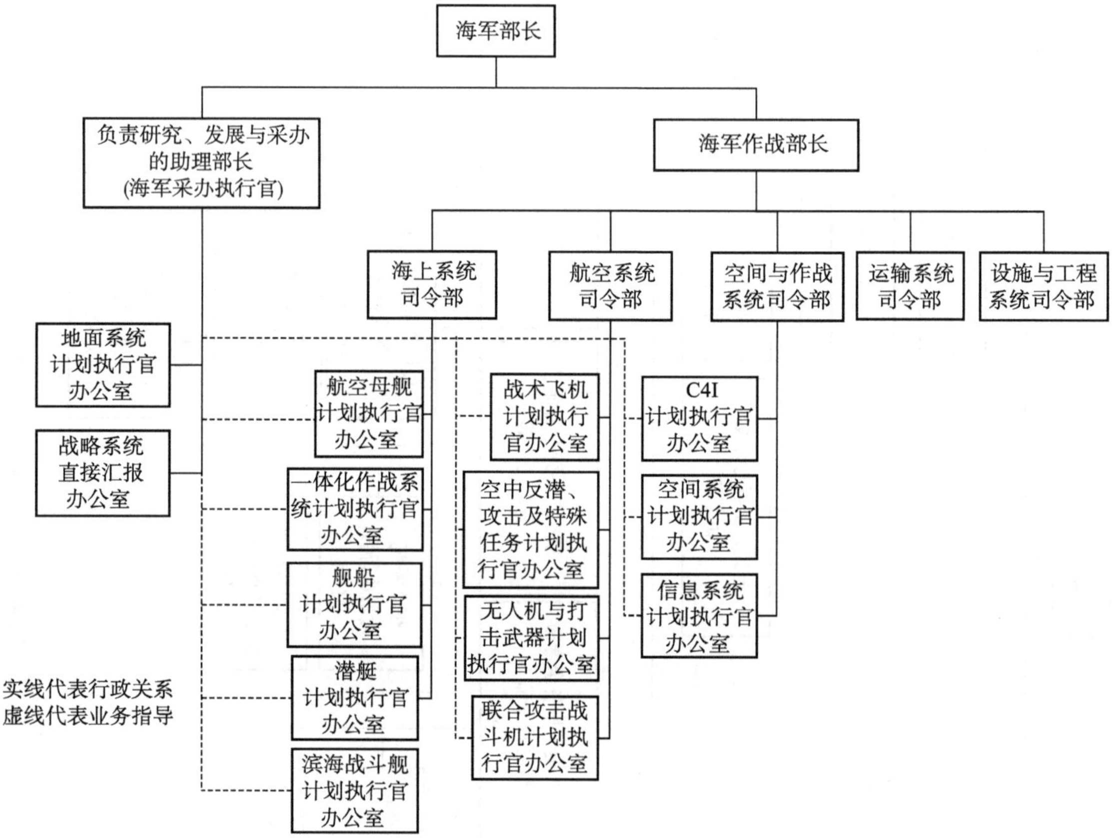

图 5　海军国防采办管理组织体系

空军参谋部下设 10 个 1 级司令部，其中国防采办工作主要由装备司令部负责，具体承担空军研究、发展、采购、部署、维护等工作，下设全寿命管理中心、保障与后勤中心、试验鉴定中心、核系统管理中心和设施与任务保障中心 5 个中心，1 个空军研究实验室和 1 个空军博物馆。空军装备司令部目前总人数约 8 万多人，其中现役约 2 万多人，预备役约 5 千人，文职约 5 万多人。其司令部机关负责武器装备采办的政策、计划、管理、协调和指导工作等，主要部门有：需求处、规划计划处、财务管理处、合同管理处、试验与作战处、工程与技术管理处、科学技术处、国际事务处、人事处、监察长、公共事务处、后勤处、军法官办公室、新闻处、通信办公室等。

空军共设 15 个计划执行官办公室，负责采办的助理部长下设 4 个，空军装备司令部下设 10 个，空军空间司令部下设 1 个。每个计划执行官办公室下设一个或多个项目办公室，如图 6 所示。

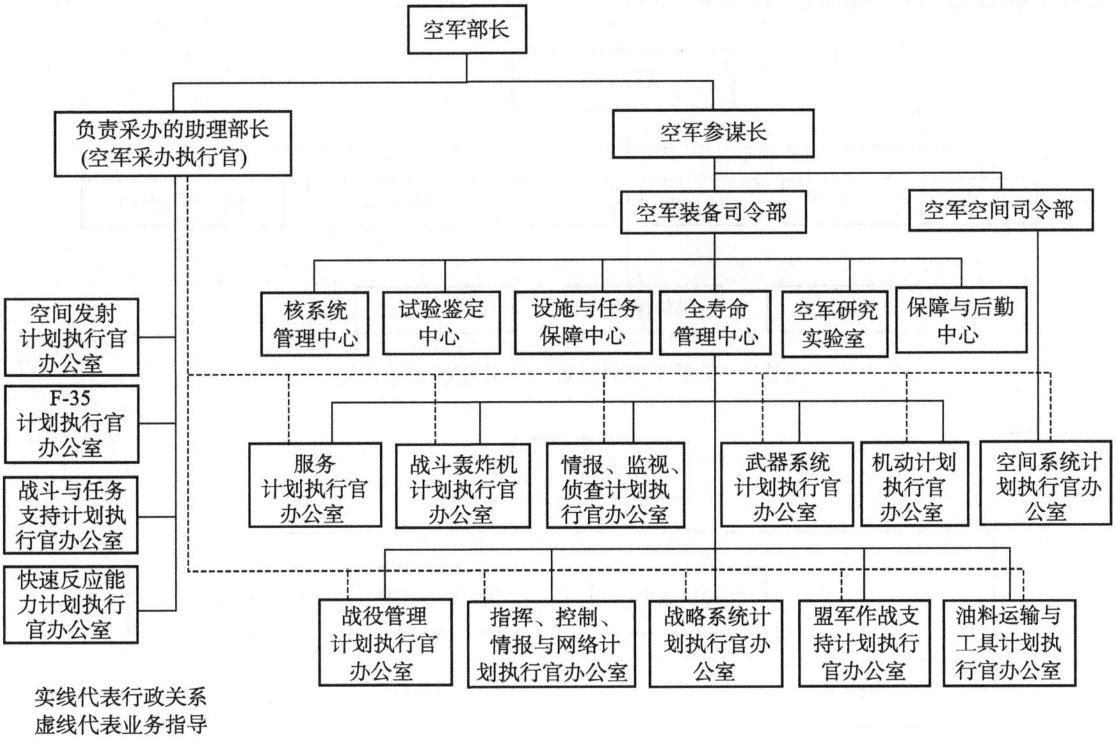

图 6　空军国防采办管理组织体系

项目主任领导的项目管理办公室是实施项目管理的基本组织形式，负责组织采办项目从方案论证、研制、生产到使用保障全过程的管理工作，具体职责包括：制定项目采办策略与实施计划；实施项目的全寿命管理，制定进度安排并根据实际情况及时调整；制定招标书或征求建议书，组织项目招投标，选择承包商并签订合同；委托合同管理机构开展合同的履行监督和质量控制；参与项目各阶段评审，监督合同经费执行情况；组织项目的质量管理；组织项目的技术状态管理；组织项目的试验与鉴定；评定承包商的产品是否满足既定的功能与要求。项目主任的任期根据项目大小、进度等的不同，时间有长有短，平均任期为 36.4 个月。

美军的国防采办项目管理办公室由主任、副主任，下设计划处、合同处、质量处、财务处、系统工程处、成本与价格处、试验鉴定处、维修保障处、系统集成处等部门，人员主要来自各军种装备（系统）司令部，并在采办各个阶段吸收相关部门人员参加，如图 7 所示。

美军项目管理办公室采取矩阵型的组织管理模式，除项目主任、副主任等专职领导外，项目办其他大部分人员通过兼职或组建联合工作组等模式，有效参与项目管理工作。

项目办可根据需要从各职能型业务部门（如美军装备司令部或系统司令部的技术、计划、合同、财务、后勤等部门）临时抽调大量人员，这些人员接受双重领导，既对项目办负责，又要向原来单位汇报工作。美军通过矩阵式的组织管理模式，形成多部门共同参与、有效形成合力的管理格局，如图 8 所示。

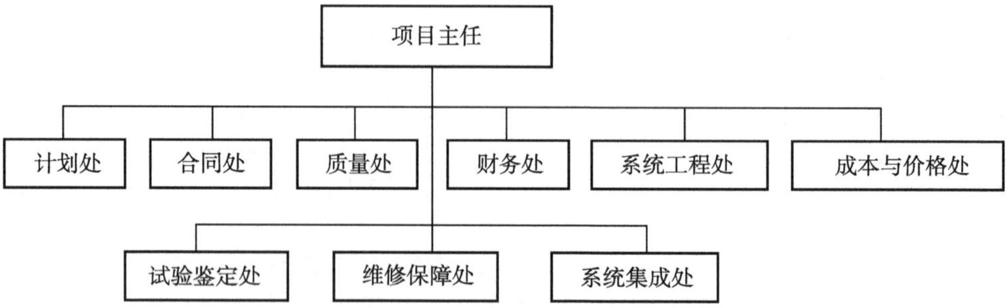

图 7　美军典型项目管理办公室组成示意图

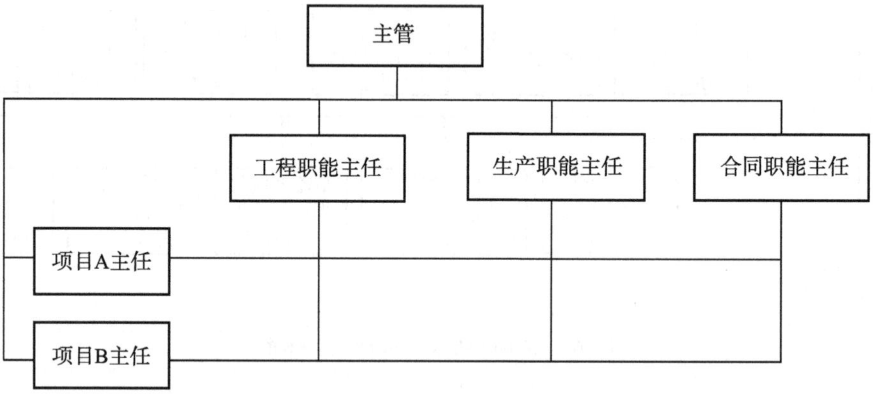

图 8　矩阵型组织结构

1.3　撤销国防部网络与信息集成助理部长，保证武器系统与信息系统成体系有序发展

美军长期采取武器系统与信息系统分头管理的管理体制。2012 年 1 月，美军撤销负责网络与信息集成的助理国防部长，信息系统建设纳入采办、技术与后勤副国防部长管理范畴，实现其对整个装备体系的集中统管。

第二次世界大战结束后，随着信息技术的发展，美国国防部逐步认识到信息技术与信息系统的重要性。美军将装备体系划分为武器系统和自动化信息系统两大类。美军设立了 C3I 助理国防部长，以突出对信息系统采办的重视，在客观上确实也起到了推动信息系统建设的作用。美军信息系统在 20 世纪八九十年代飞速发展，推动了包括因特网技术、指挥控制与通信系统、远程控制与打击技术、全球信息栅格以及国防信息基础设施等技术与系统的发展，美军因此占据了信息技术发展的前沿领域。2003 年，美军将 C3I 助理国防部长调整为网络与信息集成助理国防部长，并兼任国防部首席信息官。

上述体制虽然突出了信息系统的采办，但由于将信息系统独立于武器系统之外实施建设与管理，造成了装备体系的割裂，信息系统与武器系统在顶层设计、标准体系方面往往难以协调配套，影响了美军联合作战与互联互通能力的提升。

国会政府问责办公室（GAO）长期关注美军装备采办实施情况，多次就美军信息系统与武器系统分散管理问题发布评估报告，指出分散管理易导致信息系统与武器系统的不兼容等问题，部分装备出现归口部门调整的问题，如美军联合战术无线电系统（JTRS）、转型通信卫星（TSAT）等项目的归口管理部门多次在网络与信息集成助理国防部长和采办、技术与后勤副国防部长之间调整，造成项目从顶层设计到采办实施各个环节多次出现重大变化。此外，分散的管理体制导致装备建设缺乏有效的顶层设计，各种系统的标准不统一、接口不一致、体系难配套，且使有限的采办队伍分散到各个部门，降低了专业管理人员整体效能的发挥。

基于 GAO 指出的上述问题，美国国会《2008 财年国防授权法》明确要求国防部对美军信息技术采办问题进行评估。根据国会上述要求，国防科学委员会 2009 年 3 月发布《国防部信息技术采办政策与程序》，全面分析评估了美军信息技术采办领域存在的体制机制问题，并提出了“把网络与信息集成助理国防部长 / 国防部首席信息官和业务转型局的信息技术采办监管权移交给采办、技术与后勤副国防部长办公室”的建议，并获得国防部高层的采纳。

2010 年 8 月 9 日，国防部长盖茨签发了《国防部效率倡议》，决定撤销网络与信息集成助理国防部长及其办公室，并于 2012 年 1 月 11 日前完成裁撤。原来由该助理国防部长兼任的首席信息官改为专设职位，主要负责与信息资源管理相关的信息技术、网络防护、网络战等事务。裁撤后，美军形成了武器系统与信息系统集中统管的管理体制，有效强化了基于美军基于信息系统的体系作战能力和全军装备的体系化建设。

2 建立完善装备建设顶层设计机制，指导和牵引装备体系化建设

信息化条件下的一体化联合作战，要求各军种装备能够有效地互联互通。美军高度重视顶层设计机制建设，包括推行“基于能力”的顶层设计思路，完善需求生成机制与规划计划论证机制，采取体系结构设计方法，实现国防部对全军装备体系化建设的有效统筹与科学指导。

2.1 建立顶层发展战略体系指导装备体系建设

（1）国防部加强全军武器装备发展战略谋划

美军高度重视装备体系顶层设计，其武器装备的顶层谋划包含在美军全局性战略文件

之中。通过明确未来的作战样式、美军未来应具备的基本能力，指导装备体系的长远发展。其编制程序如图 9 所示。

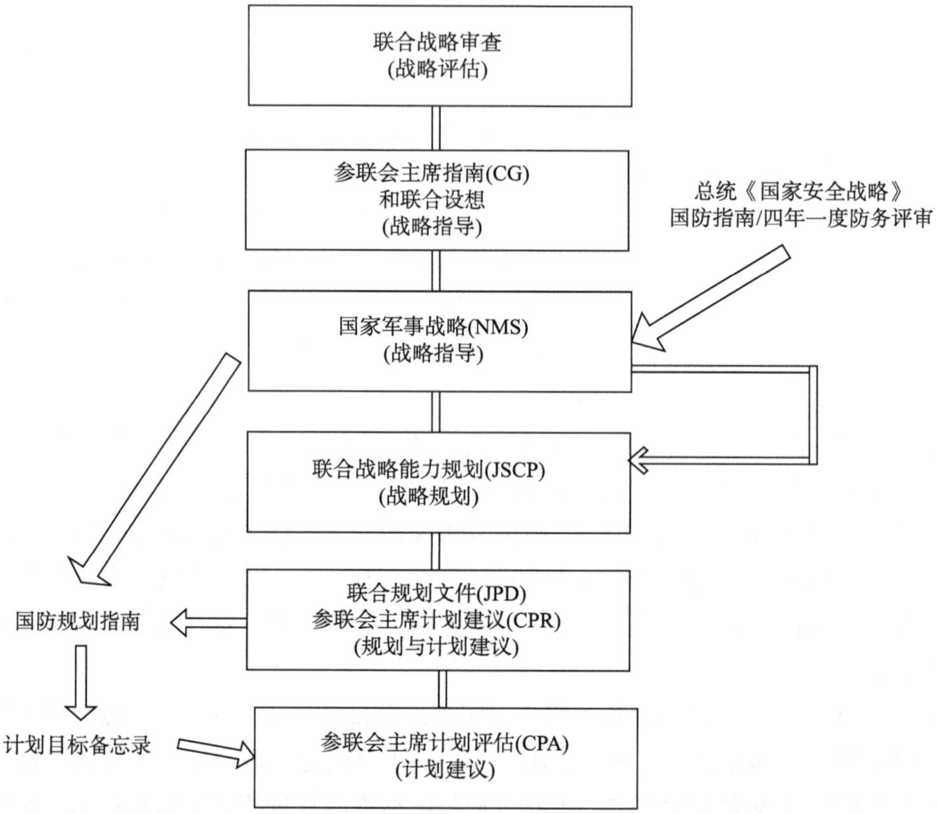

图 9　武器装备发展战略制定程序

一是开展联合战略审查。国防部和参联会开展联合战略审查（JSR-Joint Strategy Review），通过反复研讨并依托兰德公司（RAND）、国际与战略研究中心（CSIS）等高端智库，谋划美军未来三十年乃至更长时期的作战样式并明确其应具备的能力。

二是制定《参联会主席指南和联合设想》。参联会对未来的作战样式构想进行细化，编制作战概念和联合设想类战略文件，从联合作战的角度谋划美军的长远发展，相关文件涉及装备的作战需求等内容。

三是制定《国家军事战略》。国防部长及参联会主席联合签署《国家军事战略》，从联合作战能力、作战样式、面临的威胁以及装备与技术潜在突破的角度，对美军的未来发展进行整体谋划。美军的《国家军事战略》一般四到五年更新一次，但总体来讲属于不定期更新。

四是制定《联合战略能力规划》。在《国家军事战略》等的指导下，国防部与参联会联合编制《联合战略能力规划》（JSCP），确定满足未来国家军事战略应具备的作战能力。相关能力规划为装备体系的长远发展做出了顶层谋划。

在《国家军事战略》及《联合战略能力规划》文件的指导下，国防部负责采办与保障的副部长以及各军种装备采办部门编制装备发展规划计划，相关文件包含在《国防规划指南》和《计划目标备忘录》之中。

除此之外，美军针对不断出现的新型作战理论、作战概念和作战样式，还制定了专门的发展战略文件。例如，美军2011年7月发布的《国防部网络电磁空间行动战略》、2014年年底发布的《第三次抵消战略》就属于此类。《国防部网络电磁空间战略》主要谋划网络电磁空间攻防以及网络电磁空间武器的未来发展，提出重点发展的网络电磁空间装备系统，并明确什么情况下的网络电磁空间攻击可能触发常规战争。《第三次抵消战略》在作战概念上创新突破，突出信息主导，提出“作战云”“水下作战”以及“全球监视和打击”等新型作战概念，发展“改变未来战局”的颠覆性技术与装备，推动定向能武器、电磁轨道炮、士兵效能改造、智能无人系统、高超声速武器等的研发。

（2）国防部制定装备发展路线图

国防部依据顶层的发展战略文件，制定指导某一领域装备建设的发展路线图。发展路线图是对装备建设未来发展更加直观和具体的描述，是对发展战略文件的细化和说明，但不具备发展战略文件的强制性。美军装备发展路线图主要有两种类型。一种是按照时间节点，谋划装备体系的未来发展，如《一体化防空与导弹防御系统发展路线图》。另一种是对装备体系本身的描述，即描述执行某一作战任务或达到某种能力，所需的装备类型与型号。

美军武器装备发展路线图，依据相关的发展战略文件，由国防部负责采办与保障的副国防部长牵头，由具体装备领域的管理部门具体负责编制。在编制过程中，吸收相关装备系统的管理部门以及作战使用部门参加，共同论证和编制。配合武器系统的发展路线图，美军定期发布发展路线图报告，详细描述该领域的未来发展。

（3）军种和国防部业务局制定武器装备发展相关战略及规划

军种和国防部业务局分别制定各自的武器装备发展相关战略，如《陆军现代化战略规划》《30年造舰计划》《飞机投资计划》等。

《陆军现代化战略规划》由美国陆军参谋部G-8局负责制定。G-8局是陆军确保可用资源与国防战略和陆军规划相适应的领导机关，任务是通过平衡现役部队需求和未来部队能力，规划、制定和投资陆军项目。G-8局下辖陆军分析中心、陆军四年一度防务评审办公室、项目分析和评估及部队发展办公室、陆军研究项目管理办公室。《陆军现代化战略》制定程序由以下几步组成：

第一步进行战略分析，确定现实战备需求。陆军参谋部G-8局首先考虑战略环境和态势，充分分析《国家安全战略》《国防指南》《四年一度防务评审》《国家军事战略》等文件对陆军建设的要求。

第二步进行陆军转型分析，确定长远建设需求。陆军参谋部G-8局分析并依据《国家军事战略》《国防规划指南》和联合作战概念要求，确定陆军装备长远建设要求。

第三步进行投资计划审查。陆军通过全面审查投资计划，提出优先发展需要的能力，直接增强战备能力。投资计划审查由陆军第一副参谋长和陆军部副部长领导，是陆军能力一揽子审查的关键部分，重点审查作战适用性、成本和有效性。

第四步确定陆军现代化目标及装备建设步骤和举措。在进行战略分析和转型分析的基础上确定陆军现代化目标，并依据陆军现代化目标，确定装备建设步骤及具体举措。《陆军现代化战略》由陆军副参谋长签署颁布，指导陆军装备的研制、采购和保障。

根据美国国会及国防部 2018 年年初披露的消息，美国陆军正在制定的新版《陆军现代化战略规划》，将聚焦六大优先事项，包括远程精确火力、下一代战车、未来垂直起降、网络、防空反导能力以及士兵杀伤力。

此外，海军和空军分别着眼长远发展，制定舰船装备和飞机的未来 30 年发展战略。虽然美军将相关文件称为“计划”，但其实质是谋划这些装备远期发展的战略文件。下面以海军《30 年造舰计划》为例介绍相关战略文件的编制程序，如图 10 所示。

由于全球和国家安全的不确定性，美国海军需要对舰队结构进行战略分析，而舰船建造周期长等独特性也要求海军关注长期的计划，该计划反映海军为应对未来 30 年挑战而应具有的能力。

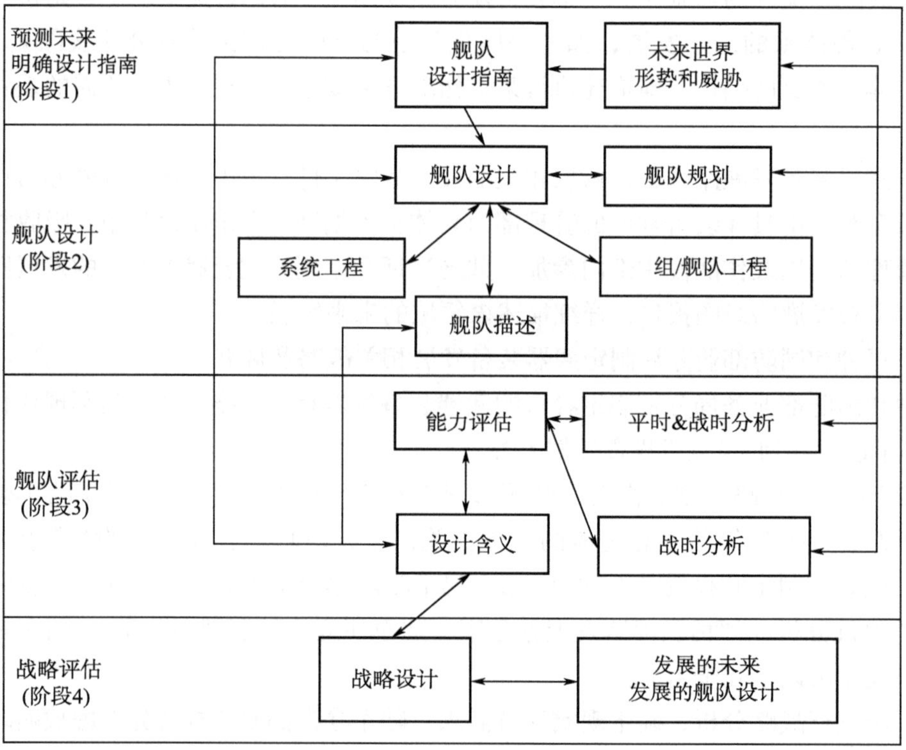

图 10　美国海军《30 年造舰计划》编制程序

一是预测未来和明确设计指南，主要工作是确定设计构想，预测未来世界可能的形势。根据当前世界的政治形势、经济形势、地缘政治、威胁判断、国家目标、预算限制、联合部队的任务等，逐步确定海军的任务角色，并根据世界地缘政治、经济的发展，美国经济的发展，国防部 / 海军预算的概况，战争样式的演变，预测未来世界的形势。

二是舰队设计，基于设想、世界形势及财政限制，采用系统工程方法，设计舰队的舰艇构成。主要工作为两部分：首先，分析联合部队演变，涉及联合部队设想和能力描述、未来的联合部队体系结构；其次，海军舰队设计，包括陈述海军舰队的设想、开发舰船概念、替换方案和作战概念，开发技术路线图和作战系统发展，基地、后勤和保障体系，开发包括作战视图在内的体系结构视图，确定采办策略。

三是舰队评估，确定舰队的能力和作战价值，采用多种方法进行战役和任务分析，包括和平时期的分析（和平时期的需求、作战部署概况）、战时分析（战区外需求、战区内需求，需要进行战役级和任务级分析）、舰队设计能力评估（针对特定任务的资产配置，根据需求对比备选的舰队结构，描述体系结构的内涵）等。该阶段与前两个阶段不断迭代。

四是战略评估，为决策制订人员提供远期舰队设计的依据，开发舰队设想和舰队设计（不确定性下的最大性能、体系结构满足未来不断变化的世界形势的效用和灵活性、决策支持分析和工具）。

美国海军《30 年造舰计划》在提交国防预算时，同时提交国会。2018 年 2 月 12 日，美国海军向国会提交了新版《30 年造舰计划》，反映了美国海军 2019 财年至 2048 财年的远景造舰计划，描绘了建设 355 艘主战舰艇的路线图，提出采取适当的采办策略，以更快、更经济的方式建造舰船，并将维持现状和未来工业基础放在优先位置。此外，新版《30 年造舰计划》还对海军重点装备的建造提出明确要求，如要求在 CVN82 航母之后，将航母采办间隔从 5 年缩短至 4 年，以更快的速度达到 12 艘核动力航母的目标；建造 12 艘“哥伦比亚”级战略核潜艇；将攻击型核潜艇的建造速率稳定在每年 2 艘的水平；将大型水面舰艇的建造速率保持在每年 2.5 艘的水平，2022 年增加至 3.5 艘。

2.2　推行“基于能力”的顶层设计思路

苏联解体后，美军不再宣称新的战略对手，“基于威胁”的武器装备发展思路面临重大转型。“9•11”事件后，美军在威胁不确定、战略对手不明确的背景下，推行“基于能力”的部队转型。在此背景下，美军提出了“基于能力”的顶层设计方法，提出联合作战所需的 8 种能力概念，包括联合训练、联合防护、兵力管理、战场感知、指挥与控制、网络中心战、兵力应用、聚焦后勤（见表 1），在此基础上进一步细化，提出 21 种能力领域（见表 2），并以此能力框架为牵引编制顶层战略文件与发展路线图，指导武器装备体系化建设。

为了提高武器装备体系化建设顶层设计的科学性，明确作战能力、装备体系和技术体系之间等的对应关系，实现顶层设计方法的定量化与自动化，以美军代表的世界主要国家自 20 世纪 90 年代末开始采用体系结构设计方法，从作战、系统和技术标准多个方面，统筹谋划信息化武器装备体系建设。通过统一的数据模型和结构化分析表述方法，更好地呈现装备体系与技术体系的内容，并明确各类装备的技术标准，推动武器装备建设成体系有序进行，提高了武器装备标准化、模块化和组合化水平。

表 1　美军确定的八大能力领域及其内涵

能力领域	能力的内涵
联合训练	对部队实施多军兵种联合训练的能力
联合防护	保护美军及美国领土免受伤害的能力
兵力管理	对兵力实施有效整合、管理、调配的能力
战场感知	使指挥官和作战人员了解他们所处的作战环境及他们所面对的敌人的能力
指挥与控制	对部队行使指挥权、指挥部队完成作战任务的能力
网络中心战	将分散在不同地区的部队通过网络紧密连接起来，充分共享战场信息并协同作战的能力
兵力应用	以致命和非致命方式对敌作战的能力
聚焦后勤	为在世界各地开展军事行动而变更部署和维持部队的能力

表 2　美军细化的 21 种能力领域

能力领域	细化的能力领域	能力领域	细化的能力领域
联合训练	联合兵力生成	兵力应用	联合全球威慑
	联合跨部门协调		联合稳定行动
联合防护	联合防护		联合信息战
	联合民事保障		联合进入与反进入行动
	联合国土防御		联合特种作战与非常规作战
兵力管理	联合部队管理		联合陆上作战
	联合公共事务行动		联合海上作战 / 濒海作战
	联合安全合作		联合空中作战
战场感知	联合战场感知		联合空间作战
指挥与控制	联合指挥控制	聚焦后勤	联合后勤
网络中心战	联合网络中心作战		

2.3　建立规范的需求生成与规划计划论证机制

装备体系化建设必须以需求为牵引、以规划计划为依据。美国建立了较为规范的需求生成机制和规划计划论证机制，设立了专门的管理机构，制定了规范的工作流程。

在需求生成方面，美军建立了完善的组织体系，包括组建实施需求审查的“联合需求监督委员会”和 8 个“功能能力委员会”以及一系列的需求论证与编制机构；制定了规范的需求分析程序，包括“能力领域分析”“能力需求分析”“能力方案分析”等过程，即根据国防部顶层文件分析未来作战所需的能力，评估现有作战能力，确定相关领域的能力差距、能力冗余以及中长期能力发展目标，进而提出弥补能力差距的解决方案。此外，美军还强调需求牵引贯穿装备采办全寿命过程，不仅在装备立项之前就以需求文件为牵引，还在装备研制和生产阶段，进一步细化并形成新的需求文件，牵引装备研制和生产活动。

在规划计划论证方面，美军先后建立了“规划计划预算系统”和“规划计划预算与执行系统”，组建了层级高、跨部门协调的规划计划论证组织体系，设立了以国防部主计长牵头的规划计划与资源分配管理的管理体系，并组建了若干跨部门协调与评审委员会，包括战略规划委员会、高级领导评审小组、三星小组，人员来自国防部与军兵种的预算管理部门、需求管理部门、采办管理部门；制定了“自上而下”和“自下而上”相结合的规划计划论证过程，一方面国防部通过制定《国家军事战略》《四年一度防务评审》等战略文件，“自上而下”地指导各军种与业务局进行相关规划计划及预算的编制；另一方面各军种、业务局依托装备采办实施机构（主要指项目管理办公室），依据顶层战略与需求文件，提出规划、计划与预算草案，经过初审后，提交国防部审批。近年来，美军进一步加大国防部层面“自上而下”的指导与评审力度，尤其是强化顶层战略的谋划，更好地指导全军武器装备体系化建设工作。

3 积极推行跨军种联合采办模式，提高装备的体系化系列化水平

装备联合采办（Joint Acquisition），是指为提升装备体系的互联互通与联合作战能力并提高装备经费的使用效益，对通用性强、功能相近、应用环境类似的武器系统与自动化信息系统，采取由两个或多个军种或业务局联合实施研制、生产与采购的管理模式。在信息化条件下，联合作战成为主要作战样式，基于信息系统的体系作战能力成为装备建设的主要目标，而联合采办成为有效提升装备体系的互联互通与联合作战能力的重要采办模式。这一采办模式代表了世界装备采办管理的发展方向，目前已成为美军的一种重要采办模式。

3.1 实施联合采办的主要装备类型

根据美军《联合项目管理手册》（Joint Program Management Handbook），适用于联合采办的装备或系统包括以下四种类型：一是通用性信息技术基础设施；二是三军通用的武器平台，如战斗机（联合攻击战斗机）、装甲车辆等；三是三军通用的信息系统，如电台（联合战术无线电系统）、业务管理信息系统等；四是商业现货类的装备或供应品。

联合采办已逐步成为美军重要的装备采办模式，运用联合采办模式采办的装备已高达数百个。根据美国国防部的报告披露，美国陆军拥有220多个联合采办项目，海军拥有121个联合采办项目，空军拥有约33个联合采办项目；国防部导弹防御局的大部分项目都为联合项目，该局人员最初由来自各军种的代表组成；国防部信息系统局的项目也基本都为联合性项目，为各军种提供信息系统的联合解决方案。此外，国防部的国家地理空间情报局、国防后勤局、国防高级研究计划局、国防给养局、国防情报局、国防威胁降低局等也都拥有数量较多的联合采办项目。

现将《国防采办管理体制与能力审查报告》披露的联合采办项目选取部分列举如下：

1）海军与空军的联合采办项目联合攻击战斗机（JSF），由海空军共同组建联合攻击战斗机计划执行官办公室实施管理；

2）陆军飞行计划执行官（PEO AVN）管理的联合货运飞机项目（JCA）与联合大型运输机项目（JHL）；

3）陆军企业化信息系统执行官（PEO EIS）管理的自动识别技术项目（AIT）、联合计算机辅助采办后勤保障系统（JCALS）、运输协调—自动化移动信息系统（TC-AIMS）；

4）陆军指挥控制通信战术计划执行官（PEO C3T）管理的联合网络管理系统（JNMS）；

5）陆军情报、电子战与传感器计划执行官（PEO IEW&S）管理的联合战术终端一体化广播服务系统（JTT-IBS）；

6）陆军导弹与空间计划执行官管理的联合陆上攻击导弹防御高空网络探测系统（JLENS）；

7）陆军化学与生物防御联合计划执行官（JPEO-CBD）管理着大量的联合采办项目，见表3；

表 3　陆军化学与生物防御联合计划执行官管理的主要联合采办项目

序号	项目名称	英文名称
1	联合预警与报告网络系统	Joint Warning and Reporting Network (JWARN)
2	联合军种飞行面具	Joint Service Aircrew Mask (JSAM)
3	联合军种人员放射物清除系统	Joint Services Personnel Decontamination System (JSPDS)
4	联合化学介质探测器	Joint Chemical Agent Detector (JCAD)
5	联合生物武器道路探测系统	Joint Biological Point Detection System (JBPDS)
6	联合军种化学环境生存面具	Joint Service Chemical Environment Survivability Mask (JSCESM)
7	联合军种通用面具	Joint Service General Purpose Mask (JSGPM)
8	联合军种移动式防辐射系统	Joint Service Transportable Decontamination System (JSTDS-SS) Small Scale
9	联合生物介质探测与诊断系统	Joint Biological Agent Identification and Diagnostic System (JBAIDS)
10	化学与生物防护庇护所	Chemical Biological Protective Shelter (CBPS)
11	联合集体防护装备	Joint Collective Protection Equipment (JCPE)
12	生化设施防护计划	Chemical Biological Installation Protection Program (CB-IPP)
13	设施防护计划	Installation Protection Program (IPP)
14	移动式探测评估反应系统	Mobile Detection Assessment Response System (MDARS)
15	移动车辆检查系统	Mobile Vehicle Inspection System (MVIS)
16	战术视频监视系统	Tactical Video Surveillance System (TVSS)
17	联合化学生物放射水介质监控项目	Joint Chemical Biological Radiological Agent Water Monitor (JCBRAWM)
18	联合远征集体防护项目	Joint Expeditionary Collective Protection (JECP)

8）国防信息系统局的网络使能指挥能力（NECC）项目、全球指挥控制系统（GCCS）、全球作战保障系统（GCSS）、多国信息共享系统（MNIS）以及全球信息栅格计划涉及的大量项目等；

9）国防后勤局的一体化数据环境（IDE）、全球运输网络项目（GTN）、通用食物管理系统（CFMS）。

此外，美军联合战术无线电系统（JTRS）、联合战术无人机（JTUAV）、联合致命打击武器（JLS）、V22 鱼鹰（V22 Osprey）、联合监视目标打击雷达系统（JSTARS）也都是比较重要的联合采办项目。

3.2 装备联合采办的主要方式

联合采办是美军加强国防部对装备采办集中统管的重要管理举措。根据美军联合采办的联合程度不同，可以分为如下几种方式：

一是国防部直接采办方式。国防部直接设立采办管理机构，对三军基础性、共用性装备实施集中采办，如国防信息系统局负责三军共用信息系统与信息基础设施的集中采办；导弹防御局负责全军主要反导装备的集中采办；威胁降低局负责部分反恐装备的集中采办；国防高级研究计划局负责全军共用性与重大预研项目的实施与管理。此外，美国国防部在采办与保障副国防部长办公室设立联合快速采办小组，负责应急装备的联合快速采办。

二是一方为主、多方参与方式。国防部指定某一军种负责三军通用装备的采办管理，如美军联合战术无线电系统（JTRS）项目，指定陆军部负责该全军性项目的采办，在陆军部设立联合计划执行官，主要由陆军负责三军 JTRS 系统的采办管理，其他军种参与采办管理。该联合计划执行官办公室需要直接向采办与保障副国防部长汇报工作，并接受国防部层面的指示与监管。

三是多方联合、共同采办方式。军种组建联合项目办公室共同推进联合装备的采办，如美国联合攻击战斗机项目，该飞机作为三军通用机种，美军指定海军与空军共同管理该项目的采办，项目主任每年由海军、空军轮流担任。国防部在联合攻击战斗机的采办策略中规定：若项目主任来自海军，需要向空军采办执行官报告；若项目主任来自空军，则需向海军采办执行官报告。

3.3 装备联合采办的改革方向

美军联合采办在运行中，仍然存在一定的难点问题需要重点突破。联合项目较为普遍地存在着“需求蠕变”问题，即联合项目在确定采办基线时，对关键性能参数（KPPs）的理解还不够全面和深入，通常直接从《能力发展文件》和《能力生产文件》中复制到采办项目基线中，导致联合项目在采办实施中，容易出现需求调整与变更的问题，需求的稳定性相对较低，需要联合项目办在采办实施中与相关部门持续进行协调。此外，项目在进行里程碑节点审查时，项目办需要进行大量的准备工作，花费大量时间向产品使用部门、后勤机构、部门采办执行官进行解释与说明，以确保里程碑节点审查能顺利通过。

为了持续推进联合采办管理改革，美国国防采办大学 2012 年 1 月发布题为《关于设立联合采办组织管理机构的建议》的决策咨询报告，建议设立联合采办执行官（JAE），与各军种采办执行官平级，专职负责各军种联合项目的采办实施。美军考虑设立联合采办执行官，其主要目的在于改变目前各军种立足自身利益谋划和发展装备项目的局面。美军认为设立与各军种采办执行官平级且独立的联合采办执行官，有助于加强对联合采办项目的集中管理力度，提高管理的专业化水平，能够更好地从全局的角度开展联合采办，有助于全面推动装备联合采办的顺利实施。装备联合采办由于更有助于提升装备体系的联合作战能力，在信息化条件下将越来越受到美军高层的重视。美军目前正在进一步加强联合采办的试点，不断总结经验的基础上，逐步推广装备联合采办模式。

4　加强装备采办实施情况评估监督，确保装备体系化建设有序开展与持续改进

经过数十年的发展，美国目前已建立起一套独具特色的装备采办评估监督制度，对装备采办实施情况进行有效监管，对装备体系化建设中出现的问题及时加以修正，推进装备建设顺利进行。

4.1　评估监督的实施主体

美国装备采办综合评估的责任主体有很多，包括国防部外部评估机构、内部评估机构两类。

（1）外部评估机构

外部评估机构是指国防部以外的评估机构，主要是国会、政府部门的评估机构，如国会政府问责办公室、国会研究服务部、国会技术评估局、总统行政管理与预算局等。本文主要研究国会政府问责办公室和国会研究服务部中可以反映重大装备采办项目评估工作、典型的机构评估工作。

①政府问责办公室

政府问责办公室（GAO）是美国国会对联邦政府的审查机构，负责协助国会对重大装备采办项目的组织实施、进度、经费情况进行评估监督。政府问责办公室最高行政领导是总审计长，在美国各地设有 11 个地区分部和 3 个国际分部，现有人员 3 250 名，如图 11 所示。首席运营官协助总审计长管理政府问责办公室各项业务，根据不同专业领域设有 14 个专业小组，其中采办与资源管理小组和国防能力与管理小组对国防部装备采办项目的进度、经费、成本效益等进行审计，发现问题并提出意见建议。

政府问责办公室主要职能包括：对重大装备采办项目的组织实施进行评估，审核重大装备采办项目经费使用的合理性和项目管理的有效性，协助国防部处理重大装备采办项目的合同纠纷。评估的主要目的是：对重大装备采办项目预算、进度、经费、综合绩效等进行综合评估，目的是为国会众议院和参议院相关议题的审定提供决策支持，维护国家和纳税人的根本利益。

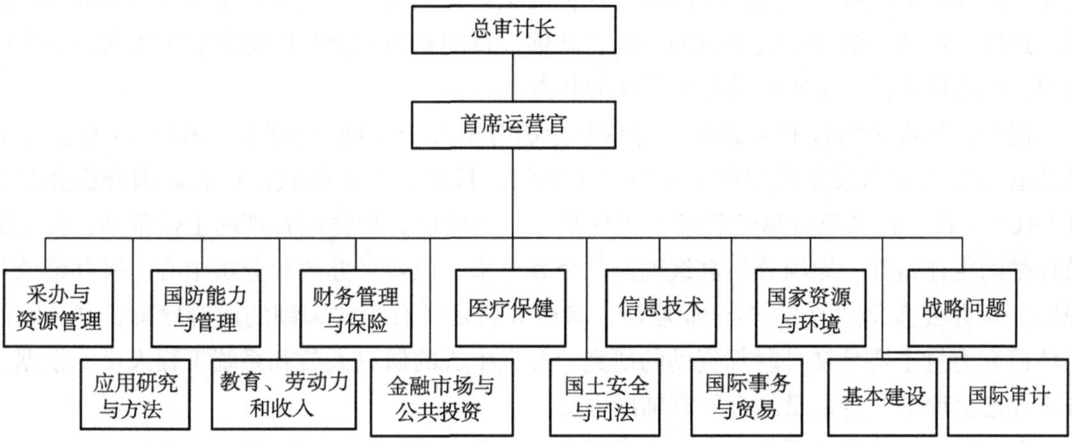

图 11　政府问责办公室组织机构图

②国会研究服务部

国会研究服务部（Congressional Research Service，CRS）是美国国会图书馆的下属机构，是国会的研究和信息中心，直接为国会服务，是公认的国会智库。目前，该部有雇员约 600 名，其中 90% 是各类专家和学者，包括律师、经济学家、文献图书馆员，以及社会学、自然科学与物理学等领域的学者。下设美国法律部，国内社会政策部，涉外事务部，国防与贸易部，政府与财政部，知识服务部以及资源、科学与工业部共 7 个分部，为国会提供各种专题服务。2012 年，国会研究服务部全年经费约 1.07 亿美元。此外，国会预算办公室、政府问责办公室也为国会研究服务部提供支撑。

国会研究服务部为国会服务的方式主要有以下几种：第一，接受国会的委托，对一些法令草案进行评议。如对国家预算和专门拨款提出审议意见，交国会参考，帮助国会提高处理问题的能力。第二，为国会提供各种专题的报告或资料，如为国会辩论中各种不同观点提供充足论据，以增强议员对各种不同观点的分析力。第三，承担国会特别任务的信息收集。在 48 小时内对世界新发生的重要事件及时做出准确的反映，写成简报，于每日清晨送给有关部门参阅。第四，回答来自国会的经常性的一般咨询，这是最大量的服务。第五，为国会议员提供馆藏文献服务，内容包括书刊、电子文献等。国会研究服务部每年发布的报告中就包括针对武器装备采办系统进行的评估报告，如 2014 年发布的《国防采办：国防部如何采办武器系统及近期改革过程中的努力》《国防采办系统的改革》等。

（2）内部评估机构

内部评估机构指美军装备采办部门的专门评估机构，如采办绩效与原因分析办公室等。

采办绩效与原因分析办公室成立于2009年12月，设在采办、技术与后勤副部长办公室下，由负责采办的助理国防部长直接领导，对重大装备采办项目的“拖、降、涨”问题和综合绩效进行评估监督。其主要职能包括：负责对重大装备采办项目采办过程中的“拖、降、涨”问题进行独立评估与监督管理，并对重大装备采办项目采办所存在的问题进行深入分析，提出改进意见和建议；每年向国会提交年度评估报告，汇报国防部重大装备采办项目的绩效以及所存在问题。评估的主要目的是：侧重于对重大装备采办项目预算、进度、经费、综合绩效等方面的综合评估，目的是为国会和国防部制定重大装备采办项目决策提供支撑，维护国防部和军队的利益。

起初，该办公室仅有采办绩效评估和原因分析办公室两个部门，2011年又建立了收益值管理办公室和采办政策中心分析两个部门。目前，采办绩效评估和原因分析办公室（PARCA）设主任和负责运营管理的主任帮办，下设负责收益值管理的主任帮办、负责绩效评估的主任帮办、原因分析高级顾问三个办公室，以及采办政策分析中心。采办绩效与原因分析办公室总共有32名全职雇员，其中8名是具有正式编制的政府雇员，办公室的主体研究力量主要是来自联邦资助的研究与开发中心的研究人员和系统工程人员，根据任务需要还会雇佣一定数量的合同制辅助人员。

负责绩效评估的主任帮办办公室主要负责对重大采办项目实施评估，是制定《国防采办执行情况概要》的主要参与者，对重大采办项目的投资策略、优先次序、全速生产决策等都具有重要影响。同时，为采办各部门实施绩效评估制定指南，并监督和检查评估实施的相关情况。

原因分析高级顾问办公室主要负责对重大采办项目违反《Nunn-McCurdy法》的情况进行原因查找与分析，如成本严重超支、进度严重拖延等。此外，该办公室还接受国会的直接委托，对某一项重大项目的成本、进度、管理体系进行评估。

负责收益值管理（EVM）的主任帮办办公室主要负责监督和管理整个国防部的收益值管理绩效及实施过程，督促各收益值管理团体提高管理水平和成本效益。此外，该办公室还建立了收益值管理数据库，可以为重大采办项目管理部门、负责采办技术与后勤的副国防部长和各军种提供收益值管理的相关数据。

采办政策分析中心是负责为采办与保障副国防部长、负责采办的助理国防部长制定采办政策的重要支撑机构，该中心在采办项目绩效评估的基础上，围绕提升采办系统绩效开展研究和建议等工作。此外，该中心还开展各类独立、快速的分析，帮助改进采办投资、战略及相关政策。

4.2 重大装备采办项目综合评估的工作流程

美国各类评估机构对重大装备采办项目综合评估的工作流程虽然不完全相同，但总体上看，基本上遵循大体相同的工作环节，按照《联邦咨询委员会法》和《2009年武器系统采办改革法》的相关规定，大体可以分为以下几个步骤：

一是领受任务，评估机构接受国会或联邦政府部门的书面评估工作指示和委托，明确重大装备采办项目综合评估工作的相关任务要求，提出要完成的最终评估目标和进度要求，明确要评估的内容，如国防部采办政策、采办程序、采办队伍、采办改革和综合运行绩效等；或者某一个或者某一类重大装备采办项目，包括“拖、降、涨”问题等。

二是组建评估小组，评估机构在受领任务后，通常要任命评估负责人，召集和组织各方面专家，组建开展此项评估工作的评估小组，确定评估小组的专家，明确人员分工。

三是开展调查研究，评估小组开展评估工作，深入装备采办管理部门、装备科研生产单位和相关单位开展实地考察，查阅所有相关文件，与从事该项目管理和科研生产的相关人员进行座谈，期间要提供调查研究工作简报。

四是起草评估报告草案，评估小组综合分析调查研究情况，起草评估报告草案，充分听取被评估单位对报告草案主要内容和结论的意见，就其中的分歧和争议与相关人员再次讨论交流，进一步修改评估报告

五是提交最终评估报告，评估报告上报国防部和国会，有的报告还要接受国会和相关部门的质询。

上述工作流程是该办公室在总结多年来成本评估最佳实践的基础上形成的，采用这套工作机制，能够开展准确、可信的评估，能够简单、清楚地实现追踪、复制和更新，管理层可以根据评估结果做出科学决定。

参考文献

[1] Establishment of the office of the under secretary of defense for research engineering and the office of the under secretary of defense for acquisition and sustainment. Secretary of defense, June 13th, 2018.

[2] Report to congress restructuring the department of defense acquisition, Technology and logistics organization and chief management officer organization, DoD, Aug 2017.

[3] Department of defense, operation of the defense acquisition system (DoD Instruction 5000.02), 2017.

[4] National security strategy of the united states of america. the White House, Dec 2017.

[5] National defense strategy of the united states of america. Department of defense, Jan 2018.

[6] National defense authorization act for fiscal year 2017, US Congress, Dec 2016.

[7] Defense acquisition guidebook. Department of defense,2016.

[8] Business transformation guidance. Business transformation agency, Dec 2006.

[9] Proposed leadership structure for joint acquisition programs, ARJ, Defense acquisition university, Jan 2012, Vol.19 No.1:033-052.

美国国防工程弹性系统（ERS）发展研究

潘　星[1]，张国忠[2]，康　锐[1]

1．北京航空航天大学可靠性与系统工程学院；

2．中国船舶工业集团系统工程研究院体系创新中心

摘　要　工程弹性系统（ERS）是美国国防部应对越来越不确定的任务和环境而提出的未来国防系统发展战略。本文首先对ERS提出的背景和相关概念进行介绍，重点对美国国防领域对ERS的一些观点进行分析，包括ERS的关键属性、弹性工程与现役系统关系、ERS设计中考虑的因素和ERS与系统工程的关系等，并对美国国防部优先立项的ERS项目研究进展进行了介绍。对于国防工程领域ERS的重要支撑和补充，组织管理、社会经济和工程等领域的学术界也对系统弹性进行了大量的研究。因此，本文还对弹性相关的学术研究进行了述评，包括不同领域中弹性的概念以及系统弹性不同的评价方法，以便于对ERS的发展有一个较为全面的了解和借鉴。最后，对美国国防ERS研究面临的挑战进行了讨论。

关键词　弹性；工程弹性系统；弹性工程；基于模型的系统工程；弹性评估

1　引言

弹性（Resilience）是衡量一个系统对抗破坏和干扰并从中恢复的能力。弹性的概念最早起源于弹性力学和社会生态等领域，近年来逐渐向组织管理和工程领域发展。系统弹性是传统系统可靠性和风险概念的延伸和扩展。目前，系统弹性已经成为系统设计和评估需要考虑的重要特性之一。提高系统的弹性有助于降低系统在不确定环境中被破坏的风险，使系统更加可靠、安全和稳定。2011年，美国国防部以武器装备采办和武器装备体系建设为背景，立项工程弹性系统（Engineered Resilient Systems，ERS）项目作为科技优先发展项目并制定了长期发展路线图[1]，其目标是设计、改进、制造和部署有效且适应性强的弹性系统，使得现阶段提高弹性已成为复杂系统设计和装备体系规划的重要需求和挑战。

为了对美国国防部ERS有一个全面的认识，本文对美国国防ERS的发展现状和面对的挑战进行了研究。本文首先对美国国防部ERS提出的背景和弹性、弹性系统和弹性工程等相关的概念进行介绍，重点对美国国防领域对ERS的一些认识，以及美国国防部ERS项目的发展现状进行分析。对于支持国防工程领域ERS发展的重要支撑和补充，组织管理、社会学、经济学和工程等领域的学术界也对系统弹性进行了大量的研究。因此，本文还对系统弹性相关的学术研究进行了述评，包括不同领域中弹性的概念以及系统弹性不同的评价模型，以便于对美国国防ERS有一个较为全面的了解。最后，对美国国防

ERS 研究面临的问题和挑战进行了讨论。通过对美国国防 ERS 的发展进行研究，可以对我国武器装备建设提供借鉴，并对系统弹性相关的学术研究提供参考。

2 ERS 的概述

2.1 ERS 提出的背景

工程弹性系统（ERS）的概念首先由美国国防部在 2010 年左右提出。进入 21 世纪以来，针对日益复杂的国际安全环境和军事斗争形式多样化的挑战，美国国防部为保持其全球军事优势和科技优势，要求其部署的武器装备系统在日益削减的国防预算条件下能满足价格合理、具备经济可承受性[2-3]，同时在未来不确定性的环境和条件下能够具备足够的弹性——在充满不确定性的各种作战条件下，具备保证功能持续稳定的能力、抗干扰能力和受损后能有效恢复的能力以及快速适应不断变化的条件的能力。为此，美国国防部在 2010 年前后将“弹性”概念引入国防采办领域中并不断深入研究，明晰其内涵，在国防采办领域广泛开展弹性工程的理论研究和实践来建设弹性系统，大力促进国防领域发展相关工程技术和手段来应对未来不确定性的风险和挑战。

在这种背景下，美国国防部（DoD）适时前瞻性地提出工程弹性系统的概念，要求未来美国国防部武器装备系统的开发都应贯彻工程弹性系统的设计理念，对于未来不断地由简单到复杂的各类武器装备系统和装备体系，预期用于更广泛的作战环境时能足够可信和有效，并具备通过新的策略、适当重配置和及时更换去响应新的需求的能力。在 2011 年前后，美国国防部将 ERS 同决策数据（Data-to-Decisions）、赛博科技（Cyber Science and Technology）、电子战 / 电子防护（Electronic Warfare/Electronic Protection）、反大规模杀伤性武器（Counter Weapons of Mass Destruction）、自治（Autonomy）、人员系统（Human Systems）作为 2013—2017 财年优先发展的 7 大项目之一给予极大关注[1-2]，并着手开发 ERS 框架来指导国防采办，这些都给军事装备建设领域、工程领域和学术领域带来了新的挑战。

2.2 ERS 的相关概念

（1）弹性

弹性一词最早起源于希腊语“resiliere”，指的是弹回、跳回的意思。弹性的概念首先被用于材料和机械领域用来描述材料的特性，即材料发生弹性形变后可以恢复至原来状态的一种性质。这一弹性观点也用于 20 世纪 60、70 年代早期的生态学，主要致力于群体如捕食者和猎物的相互作用以及它们对生态稳定性理论响应的研究[4-5]。1973 年，理论生态学家 Holling 创造性地将弹性（resilience）引入生态系统稳定性研究中，将生态弹性定义为生态系统在面临环境变化以及人类的使用时维持其服务的能力，一个具有弹性的生态系统应该能够在干扰后快速恢复到平衡状态[6-7]。随后经过多年的发展，学者们又引入了许多与弹性相关的概念，如可靠性、生存性、健壮性、恢复性和适应性等，并将弹性的观点应用于交通系统、关键基础设施、网络系统、信息系统和装备体系等各类工程系统之中，使得弹性成为各类生态社会系统和工程系统设计和评价的综合指标之一。

到目前为止，在众多领域弹性仍是一个发展中的概念。在国防系统领域，美国国防部助理部长系统工程办公室（Office of the Deputy Assistant Secretary of Defense for Systems Engineering，ODASDSE）先进工程计划（Advanced Engineering Initiatives）主任 Neches 博士指出：弹性是系统在各种不同运行情况下，能够提供广泛的功用（Broad Utility），尽管存在突发情况，都可以跨过多种潜在可能的未知情况的一种能力[8]。美国陆军工程研究发展中心（US Army Engineer Research and Development Center，ERDC）Goerger 博士认为：系统通过有效的服务呈现出可信性，能够运行在一个广泛的条件中，通过重配置或更换容易适应，允许并能检测系统功能降级，从而具备击退 / 抵抗 / 吸收干扰、从干扰中恢复并适应新的环境和呈现广泛功用的能力，这种能力称之为系统弹性[9-10]，如图 1 所示。2013 年 10 月美国联合军事行动研究协会（Military Operations Research Society，MORS）和 Argonne 国家实验室联合举办的研究会上，大家一致给出了一个广泛认可的弹性定义：一个实体（资产、组织、社区、地区）预测、抵制、吸收、应对、适应自然或人为干扰，以及从中恢复的能力。在这个定义中，给出了具备弹性的系统应该具备三种典型的能力：抵制 / 抵抗和 / 或吸收破坏的能力（自然或人为破坏）、从破坏中恢复的能力（灾难或灾难事件）和适应新的或变化的条件（人为威胁或自然灾难）的能力[11]。在美国国防部的倡导下，系统弹性的概念正在迅速在不同工程领域中普及并成为学术研究和工程实践热点。不同领域中系统弹性的概念取决于其所处的领域，以上弹性概念在美国国防领域得到了较为广泛的认可。

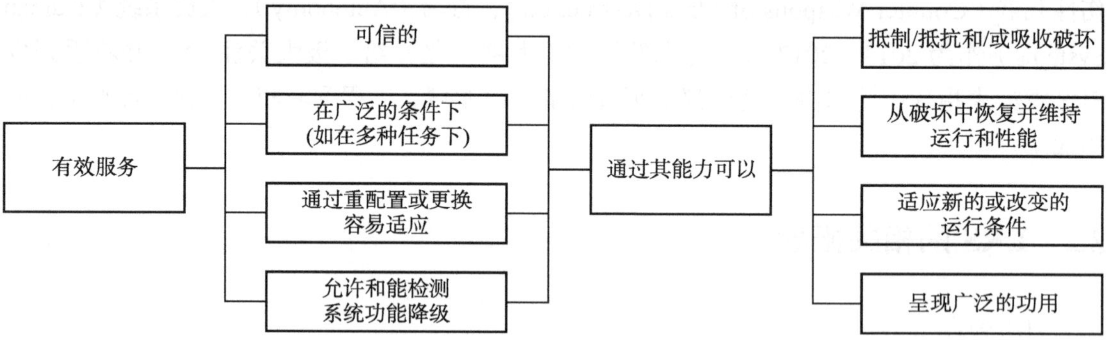

图 1　ERS 弹性的概念框架[10]

（2）弹性系统与 ERS

大家对弹性的定义各不相同，不同领域中什么样的系统才能算是具备弹性的系统还没有统一定论。对于弹性系统，Neches 等人在国防领域定义如下：“弹性系统是可信的和有效的，在广泛的环境中“开箱”即用，通过重配置或更换很容易适应更多其他环境，允许和能检测功能降级[8]”。这个定义归因于美国国防系统面临这样的事实：军事任务从非战争行动（如人道主义援助和救灾）向高强度作战和军事冲突延伸。当前美国国防部面临的任务和任务需求快速变化，以及新出现的非对称威胁作战环境、任务产生的不确定性，都要求必须要有灵活的和备用的装备能够即时处理。此外，全球化商业技术的进入造成国防军事系统和装备体系的使用风险提高并降低了其可信度。因此，近年来在美国国防部内出现了一种声音并引起广泛的兴趣——设计一个系统在面对意想不到的和未知的情况时呈现出弹性。这种兴趣对工程和学术领域相关研究起到了促进作用，人们认识到系统规模和复杂性持续增加，传统的可靠性和风险领域的技术将不足以应对这一情况。

美国国防部提出的 ERS 可以理解为一个工程上具有弹性的系统，它是美国国防部瞄准未来灵活的国防采办而提出的一种远景和概念，美国国防部同时也为了能够获得国防工程弹性系统而开发了一套框架系统，该框架系统也称为 ERS，它可以帮助在开发设计早期阶段（里程碑 A 之前）基于大数据分析与知识，利用各种不同的模型进行权衡空间分析，从而完成从任务、需求、预算、环境、概念、创新、成本、制造等不同维度对备选方案的评估与决策[9]。此前美国国防部已经完成了前期的理论研究与演示系统开发，并在 2015 年发布了 ERS 第一个版本，并计划在未来 10 年内持续地改进与完善。

（3）弹性工程

对国防军事系统弹性的迫切需求给传统系统工程中的专业领域带来新的挑战，如现有需求工程、制造工程、可靠性工程、安全工程、后勤保障工程等均不能单一地满足设计、制造和部署弹性系统的需求[12-13]。因此，在国防采办过程中通过实施弹性工程以建设弹性的国防军事系统已经成为共识。在学术领域，狭义的弹性工程是将可靠性与风险评估领域进行扩展，加入健壮性、脆弱性、恢复性和生存性等新的概念。在国防领域，广义的弹性工程是指在国防采办的系统工程过程中，结合基于模型或基于平台的系统工程[14]、数据驱动的决策分析、经济可承受的设计、柔性与敏捷制造、通用后勤保障等技术和概念，来开发和部署经济可承受的、具有广泛适用性的工程弹性系统。在这个过程中，尤其是在弹性系统的规划阶段（对应国防采办的 A 里程碑之前阶段），ERS 框架显得尤为重要，ERS 对于备选方案的选择和灵活可变的需求定义具有至关重要的作用。

3 美国国防领域对 ERS 的研究

3.1 美国国防部对 ERS 的一些观点

（1）ERS 的关键属性

美国国防部关于弹性的观点吸纳了不同领域中弹性的概念。美国国防部需要设计一个系统表现出特定的弹性属性：抵制 / 抵抗 / 吸收破坏的能力，以及恢复能力和适应能力。虽然这些特性对于国防来说是必要的，但是并不足够。除了这些特性，美国国防部涉及的军事系统预计将在一个广泛的行动范围内，尽管经历破坏仍能跨过多种潜在的可能的未知情况继续有效执行，这种能力或性质被称为广泛的功用。基于大家对弹性和弹性系统的认识，Goerger 给出了工程弹性系统的四个关键属性：抵制 / 抵抗 / 吸收、恢复、适应和广泛的功用[9]，如图 2 所示，并指出未来国防采办中均应针对这四个属性进行设计。

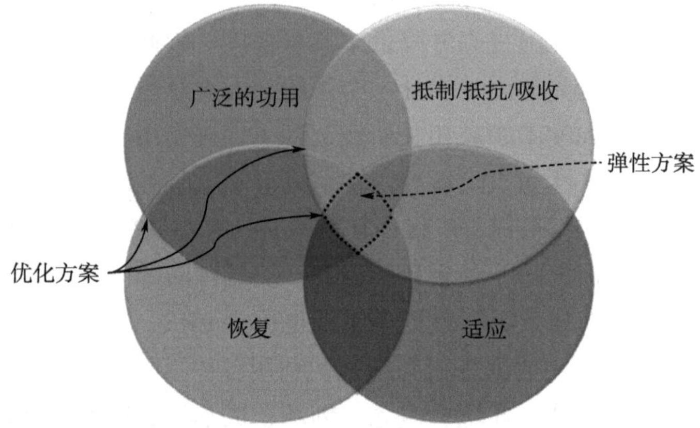

图 2 美国国防部 ERS 的特性框架[9]

以上 ERS 特性框架给弹性系统设计指明了方向：圆圈边缘相比圆圈内部单一弹性属性具有更广泛的能力，两个或两个以上的交叉区域可以视为提供一个合理有效的弹性解决方案。四个属性的交叉区域定义了弹性解决方案集空间，空间中的每一个解决方案接近一个特定属性的最优解。设计一个弹性系统是一项非常艰巨的任务，因为系统需要解决一系列的问题，例如，需要提前了解设计包线，当一个系统失效或故障时，它必须做到可预测、可检测、以一种从容的方式来提高整个系统的生存能力，包括使用者和其他子系统的生存能力。

（2）ERS 与现役系统（Legacy System）

在国防部内，系统或组件没有弹性经常会被贴上"一次性用品"或"消耗品"的标签。所以多数国防系统都会表现出如图 2 所示两个或更多属性，使其适用于多个作战环境。然而，随着硬件和软件技术的发展，足以支持更高级的军事系统，这就直接导致了系统的复杂化。随着系统复杂性的增加，这些系统的成本也将增加。但是，采办人员被要求在有限资源条件下开发出拥有至少三项属性的能力，这将是一项艰巨的任务。因此，如何提高现役系统的弹性是 ERS 项目所面临的重要困难之一。目前，美国国防部要求在国防采办系统工程中开展弹性工具，并采用如下策略来提高现役系统的弹性。

1）充分利用现役系统的变异或衍生品。美军通常将一些已有的军事系统通过更新来满足美国国防部对弹性的定义。这方面有很多的实际应用，包括：洛克希德 · 马丁 C 130 大力神运输机、波音公司 B-52 同温层堡垒轰炸机、M113 装甲运兵车、布拉德利战车（BFV）、高机动多用途轮式战车（HMMWV）等。虽然这些系统看上去都不具备图 2 中所示的弹性，但是它们的功能范围加上它们的变异 / 衍生品的数量和它们的长寿命，证明了它们具备相当程度的弹性。

2）对现役系统进行改进或开发新的功能。上述这些系统在满足最初的作战需求的前提下，已经存在于美国国防目录清单中超过30年，都有超过5个基本变型，有能力执行多个任务。应该注意的是，近年来的高机动多用途轮式战车（HMMWV）被认为其无法抵御敌人的弹药。然而，对于其基本目的——四轮驱动运输载具，自1984年以来美国军队所遇到的几乎每一作战环境和天气条件下，在执行其基本任务时都表现出相当的通用性。通过对系统进行改进，它至少有17个型号服务于美国军队和其他70个国家，并且承担了众多的角色，包括货物/运兵载具、自动武器平台、救护车、导弹载体、榴弹炮/迫击炮动力车、防空平台和通信掩体。

3）加强后勤保障，扩展现役系统，使其适应更广泛的使用条件或环境。上面所述的装备系统可以作为一个基线，国防部可以此开始预测和计划采办弹性系统的途径。这些系统很多都会受到当前国防部后勤系统的补给频率和方法的限制。例如，使用机动加油平台在现有的可用性或有限的燃料品种情况下去最大化地支持新的或不稳定的燃料形式或维持在严酷环境中的加油操作。因为国防部系统一般都会沿用几十年，因此，它们在设计和建造时都必须考虑在进行扩展使用后或者在严酷环境使用后可以比较经济地进行翻新与维修。例如，轮式战车总是在从战场返回后进行重大维修，更换磨损的密封圈和部件以延长它们的寿命。为了实现长寿，一个平台必须可修改、可升级，在其服役期间利用先进技术，改正系统缺陷并替换组件。这样可以通过提供一系列的适应不同任务要求和不同战场条件的可行系统来减少风险、形成能力组合或平台组合。

4）将现役系统耦合成更复杂的体系并使其具有弹性。也可以通过将基本系统之间以松耦合的方式相互作用，形成复杂的宏能力来形成弹性，以满足任务目标。例如，多个自配置、协作的传感器可以通过"集群"方式有效地提供一个弹性的网络数据收集器。通常情况下，产生的装备体系（SoS）基于基础系统在一个更高层的指挥和控制实体的观察、沟通和控制下来适应不断变化的环境和大气条件。

（3）ERS设计中考虑的因素

由于使用军事系统进行什么样形式的作战极少能准确预测，特别是军事系统的使用水平与规模很难预测。随着美国减少在中东的作战行动，削减其军事力量，需要从数量有限的军事基地向目标区域投放武装力量，这就要求有一支具有弹性的远征军能够快速部署和投入使用，并在目标区域保持军事系统的完整功能。设计和开发一个在战斗行动或远征行动中运作的国防系统需考虑很多影响因素，其中一些关键问题包括但不限于：未知和不确定的环境、机动和有限的支持结构、极端条件、敏捷和自适应对手、不断变化的自然和人为环境等。然而，在列举的工程挑战和所需的技术转换成当前的采办过程之前，军事系统有四个关键的弹性属性需要详细阐述，例如"终身""环境""干扰""压力"和"任务"等，在国防部系统具有更多的特殊含义。终身运行在原始计划/设计基础上实际扩展使用数十年、定期的计划内和计划外大修、周期性重新设计以扩展使用寿命、变化的运营和监管环境、设计用于特定的地形和天气（如沙漠）、可以被用于另外的地形和天气（如潮湿环境）、在极端气候的执行能力、适应新的构建架构技术和材料、轻型战术车辆适用于重型装甲、浅水船用于深海等。

（4）ERS 与系统工程

美国国防部要求整个武器装备建设的系统工程中均应瞄准弹性工程系统进行采办，通过各种手段以达到部署的系统成为弹性系统的目标。ERS 的概念毕竟才刚提出不久，虽然要求所有承包商、研制组织和使用方在研制和制造以及使用和保障过程中均应开展 ERS 相关的研究，但是目前的研究重点放在武器装备的研制阶段，尤其是规划阶段，即美国国防采办指令 5000.02 中定义的 A 里程碑之前的阶段，又称为 pre-A 阶段（见图 3）。在 pre-A 阶段实施 ERS 可以显著改进和优化系统分析中需求生成（Requirements Generation）、备选方案分析（Analysis of Alternatives）和全寿命周期智能（Lifecycle Intelligence）[15]。在 pre-A 阶段开展弹性工程的目的是识别开发集成一个设计空间分析环境和集成的工作流、研究如何让形式化模型可执行和度量，以及支持在里程碑 A 之前的权衡空间分析，以用于支持设计探索的新方法和工具的研究和比较，以及创建灵活的、合理的分析导向，允许客户在某种程度上对不同需求的影响进行量化和可视化[16]。在国防采办过程中实施弹性工程，一个很重要的要求是实施基于模型的 MBSE，通过模型来对系统能力进行分析，从而将用户需求转化为设计和制造要求，并贯穿整个采办过程。

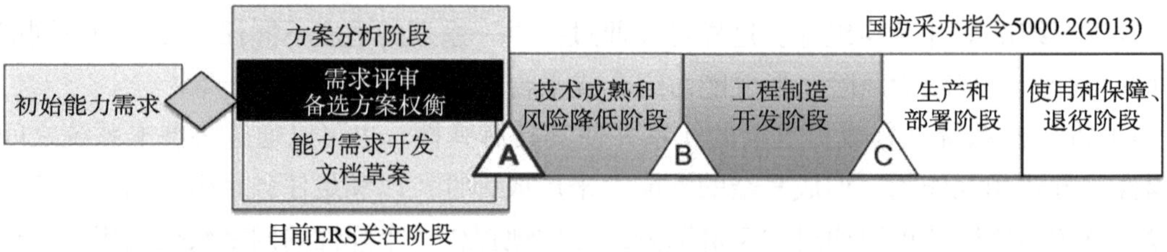

图 3　国防采办过程 pre-A 阶段中的弹性工程

3.2　美国国防部 ERS 研究现状

美国国防部以 ERS 为目标提出了未来国防系统的建设远景，同时也立项了 ERS 项目来为弹性系统的开发提供一个完整的系统框架，如图 4 所示。ERS 项目从 2010 年开始立项启动，当前阶段主要的工作都集中在开发决策支持方法，开发权衡空间工具集的框架，其中包括备选方案分析（AoA）相关方法的研究与开发，以便从不同维度去评估这些国防系统的弹性。经过 5 年多的研究发展，目前美国国防部已经发布了 ERS 的第一个版本。

围绕 ERS 五种基本属性和组件：权衡空间工具与分析、集成能力和工作流、需求生成、备选方案分析以及虚拟原型和评估[17-18]，美国国防部提出了一个可以促进政府、工业企业、学术团体之间协同交互的 ERS 功能框架，ERS 是一个开放的、不断发展的框架，是支持采办和运营分析所有阶段的一个通用环境，提供共享的能力，支持相互之间的协作。ERS 通过框架标准同军方现有的工具、信息与设施进行集成，获取军方对国防装备系统的使命任务定义、对国防装备系统的需要与需求，根据预算、使命任务与需求对备选装备方案在里程碑 A 之前进行评估及决策，然后通过框架接口与国防采办程序连接，让采办团队可以在整个系统生命周期中可以利用 ERS 的能力。

ERS 框架提供从使命任务、需求、规划、预算、概念、评估、决策与制造、采办整个过程的分析模型、知识与决策数据。ERS 提供一个五层框架模型[9]，包括：1）涵盖基础网络、高性能计算与云资源的基础设施层；2）以本体、术语、网络信息、ERS 百科知识等基础信息为主的信息层；3）提供建模、计算、仿真、可视化、演示等通用工具与协同服务的工具与服务层；4）提供权衡空间分析，以及各种图表展示、对比分析的仪表盘以便数据驱动决策的决策支持层；5）提供社会计算与结构化知识的知识环境等。

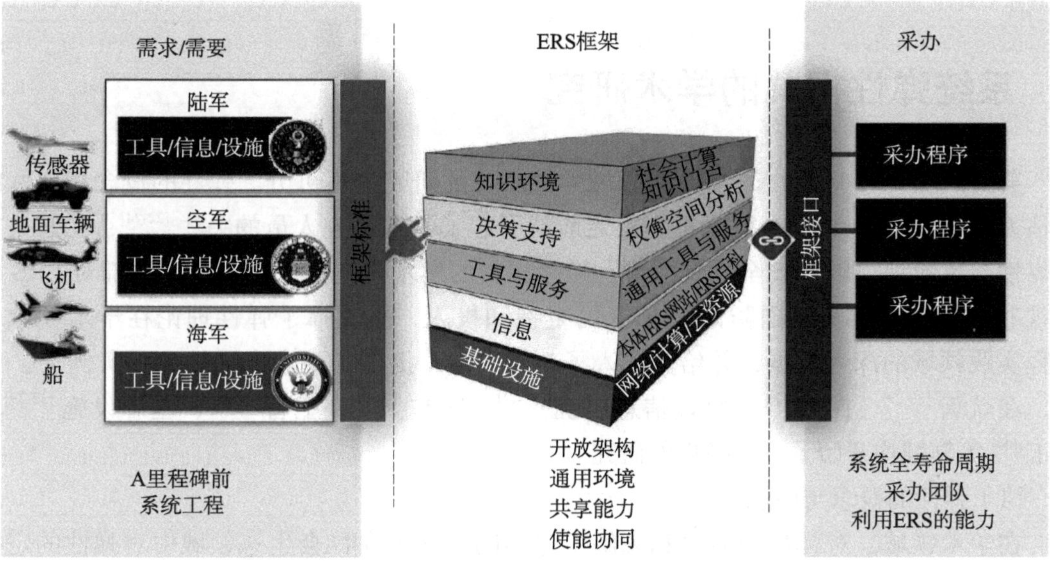

图 4　美国国防部 ERS 框架[15]

ERS 框架提供四方面的模块，分别是：与任务相关的权衡空间分析，系统分析与决策，概念、计算和关于环境表达，能力继承与演示等模块。在 ERS 这个框架中目前已经有下列产品可供使用：权衡空间分析工具、大数据分析与可视化、权衡空间分析与创建（TAC）、环境模拟器、概念建模器、几何构建工具与几何网格工具、软件超算设计过程、知识地图、ERS 百科、ERS 集线器、ERS 转换和 ERS 集成框架等。ERS 要求能适应多种系统模型的设计，这些系统模型必须可以很容易地修改和重用；要求具有快速迭代设计的能力，以及与任务需求的关联[19]，要达成上述目标，权衡空间分析就显得非常重要[20-21]。权衡空间分析框架必须是可执行的、可扩展的，目前这种分析框架正在不断发展与成熟之中[23]。这种可执行、可扩展的权衡空间分析工具必须在一个比较广泛的工作流程背景下协同地完成，从而指导权衡空间探索和评估备选系统的弹性。

作为美国国防部 2014—2017 财年七个科技优先项目之一，DoD 对 ERS 做出了其 10 年发展规划，最新规划将延续到 2024 年，在概念与计算表达、权衡空间分析、协同分析与决策以及能力集成展示四个方面持续不断地发展。在 2015 年发布的第一个版本中，

ERS V.1 已经完成：舰船行业的初步权衡空间分析工具、宇航发射原型知识管理环境、初步的集成框架，完成了基于物理模型和环境数据之间的关联。该项目在 2017 年发布 ERS V.2，在该版本中，将完成：舰船、地面运输（GV）/ 空间运输（AV）行业的第二代权衡空间分析工具、知识管理环境、工业与架构关联环境、风险表示与缓解、战场环境模拟、初步成本模型、初步任务模型。同时，计划在 2021 年发布 ERS V.3 版本中实现：用户配置分析、地球环境模拟、可知造型 / 可生产性分析工具、生命周期成本分析工具、海军武器系统建模、任务背景分析工具等；在 2024 年 ERS V.3 版本中计划实现：整个采办周期建模、经过验证的成本表达、所有装备替代方案的虚拟样机、投资组合分析和认知计算等功能。

4 系统弹性相关的学术研究

美国国防 ERS 的发展，与学术领域弹性相关的研究密不可分。弹性的概念和弹性的评估方法等理论远在 ERS 概念被提出之前就引起了学术研究人员的关注 [22-24]，尤其是在可靠性与风险评估以及安全领域 [25-26]。弹性相关的学术研究促进了美国国防部对 ERS 的重视和发展，同时美国国防部对 ERS 的重视和投入，也支撑了弹性理论在学术领域和工程实践领域的深入发展，并给其注入了新的内涵，提供了更为广泛的工程实例 [27]。目前，在航天 [28-29]、网络 [30]、物理信息系统 [31-32]、航空 [33-34]、空管 [35-36]、基础设施 [37-39]、化工 [40] 等领域均开始了系统弹性的研究。

（1）弹性的概念与内涵

在学术领域，对弹性的概念和理解不尽相同，除了在社会生态领域中对弹性的定义还有诸多定义，如 Allenby 等人定义弹性为系统在面对内部和外部变化时维持其功能结构和在必要时进行降级的能力 [41]，Pregenzer 定义弹性为系统吸收持续和不确定的变化时仍保持其核心功能的能力的度量 [42]，Haimes 定义弹性为在可接受的降级范围内承受巨大扰动和在合理的时间和成本下进行恢复的能力 [43]。在关键基础设施领域应对灾难的弹性，被定义为在最小公众健康和安全毁坏的条件下，抵抗和防止巨大多重危险威胁和事故，如恐怖袭击，并恢复和继续提供关键服务的能力 [44]。Vugrin 等人将系统弹性定义为给定指定类型的振动事件下，有效减少系统从数量和持续时间上偏离目标系统性能水平的能力 [45]。综合起来，这些对弹性的定义可以归纳为以下领域，可以分别对弹性的内涵进行阐释：

1）在组织管理领域，弹性的定义集中在企业、组织和供应链上，对它们进行研究源于组织对快速变化的环境进行响应实现组织创新的需求 [46]。Sheffi 定义公司的弹性为面对干扰事件时能恢复到正常性能水平（如库存、容量、服务率等）的能力和速度 [47]。Vogus 等人定义组织弹性为面对灾难时组织吸收压力和改进功能的能力 [48]。Ponomarov 定义供应链的弹性为应对不确定事件和扰动，并将运作能力恢复和保持到期望水平的适应能力 [49]。

2）在社会领域，弹性的定义主要关注对象是个人、团体、社区、环境和经济等。

Adger 定义社会弹性为当社会、政治和环境变化时社团对抗外部压力和干扰的能力 [50]。Rose 将弹性定义为预测风险、限制不利后果并在面对动荡的变化时，通过生存、适应性和成长迅速恢复的能力 [51]。Keck 等人定义的社会弹性包括三个维度：应对能力、适应能力和转化能力 [52]。Cohen 等人定义社区弹性是在破坏或危机期间社区正常运作的能力 [53]。Pfefferbaum 等人定义社区弹性是社区成员采取有意义的、有意识的集体行动来补救问题的能力，包括解释环境、干预和移动的能力 [54]。

3）在经济领域，Rose 等人将经济弹性描述为内在能力和适应性反应，使企业和地区避免最大潜在损失 [55]，同时他还将静态经济弹性称为一个实体或系统继续其功能的能力，而动态经济被定义为系统从严重冲击恢复到达到稳定状态的速度 [56]。Martin 提出了一个更具体的经济弹性定义：重新配置的能力，即适应它的结构（企业、产业、技术、机构），以便在产出、就业和财富上保持可接受的增长路径 [57]。

4）在工程领域，弹性概念与其他领域相比还是较新的，研究对象主要是工程技术系统，它们由工程师设计、与人和技术交互，例如电力网络。Youn 等人定义的工程弹性为系统的被动生存率（可靠性）和主动存活率（恢复）的总和 [58]。Hollnagel 等人提出了工程弹性的另一个定义，即系统在干扰和未预料到的变化的情况下调节其功能的固有能力 [59]，并指出对于弹性工程来说，理解一个技术系统的正常运行是重要的，同时也要了解它是如何失败的 [60]。美国机械工程师协会（American Society of Mechanical Engineers，ASME）定义的弹性：系统在不中断系统功能的情况下维持外部和内部中断的能力，或者如果功能被断开快速恢复功能的能力。Dinh 等人确定了提高工业过程弹性的六个因素，包括失效最小化、效果限制、管理控制 / 程序、灵活性、可控性和早期检测 [61]。基础设施系统，如供水系统、核电站、运输系统以及水闸和大坝等，如果缺乏弹性会对社会和经济有重要影响，因此基础设施的弹性目前是工程领域的研究重点。美国国家设施咨询委员会（National Infrastructure Advisory Council，NIAC）将基础设施系统的弹性定义为预测、吸收、适应和 / 或迅速从诸如自然灾害等破坏性事件中恢复的能力 [62]。

（2）弹性的度量与评价

目前，弹性理论已覆盖了通信网络、经济、交通、社会、经济和供应链等领域，系统弹性作为系统特性的一种度量，对其进行评估的研究也逐渐开展起来。

1）评估框架研究。针对社会—生态系统，弹性联盟这一组织提出了一个评估恢复力的通用框架，由七个步骤组成 [63]。Speranza 等人开发了一个弹性的概念评估框架，提供了三个维度的弹性：缓冲容量（系统能够承受的变化量）、自我组织（社会通过固有的结构来体现）和学习能力（适应能力）[64]。Kahan 等人在国土安全背景下提出了使用八个指导原则的系统弹性的广义概念框架 [65]。Labaka 等人提出了与一般管理紧密合作的整体弹性框架。他们提出的框架包括两种弹性类型：内部弹性和外部弹性与弹性策略和弹性子策略 [66]。Sterbenz 等人给出了通信网络的弹性和生存性的框架，并对弹性学科进行了调查 [67]。他们的研究结果表明，防御、检测、诊断、补救、精炼和恢复的六个因素有助于设计可扩展到其他领域的弹性网络。Vugrin 等人引入弹性作为吸收能力、适应能力和恢复能力的函数，并引入了弹性成本指数（RCI）的概念，它由两个因素组成：破坏事件所造成的损失成本和恢复成本[68]。

2）定性评估方法研究。定性评估是解决系统弹性评估有效的方法，通常设计一组问题或指标，以评估不同的基于弹性的系统特性（例如冗余度、资源性），通过李克特量表（0～10）或百分比尺度（0～100），结合专家意见来量化，并通过综合来评估弹性指数。例如，Cutter 等人确定了社区对自然灾害的 36 个弹性变量，包括冗余性、智能性和鲁棒性，这 36 个变量被分为五个子指标，包括经济、基础设施、社会、社区资本和机构，然后根据政府来源的数据观察，每个变量在 0 和 100 之间得分，并且通过加权平均来计算总得分[69]。Pettit 等人抽取供应链中的弹性的两个关键驱动力：供应链的脆弱性水平与供应链承受和从中断恢复的能力，通过提供一组 152 个问题来划分供应链的脆弱性和能力，分为 6 个脆弱性部分和 15 个能力部分，然后用加权和方法计算供应链的弹性[70]。Shirali 等人使用半定量的方法来评估过程工业中的弹性工程，使用了 6 个关键流程工业弹性指标：最高管理者、承诺、学习文化、意识、准备和灵活性，通过对流程工业 11 个单位的调查，收集这 6 个指标的数据，并利用主成分分析法对数据进行分析和评分[71]。

3）量化评估方法研究。在工程上更倾向于提出弹性模型来对系统弹性进行评估，这些弹性模型并不区别系统结构，而只是逻辑上的一般模型，通过弹性模型来对系统的静态弹性或动态弹性进行评估。例如，Bruneau 等人提出的弹性三角形模型[72]中定义了基础设施弹性的四个维度：鲁棒性、快速性、资源充足性和冗余性，并提出了一个确定性的静态参量来计算地震后基础设施系统抗灾能力公式，用图 5（a）中的三角区域面积表示基础设施性能的降级，越大说明弹性越低，越小则说明弹性越高。三角形模型的特点是干扰带来的影响是瞬时的，性能恢复也是立刻开始的。Zobel 对三角形模型进行了优化［见图 5（b）］[73]，并计算了系统遭受多个连续干扰的弹性恢复问题[74]。Rose 定义经济弹性指标是预期的系统输出损耗和最大的系统输出损耗的比值［见图 6（a）］[75]，并与 Cox 等人用类似的模型计算了伦敦交通运输系统的动态弹性［见图 6（b）］[76]。Henry 等人给出了一个随时间变化的弹性模型，模型弹性包括三个维度：可靠性、脆弱性、恢复性，并用恢复的性能与损失的性能之比来度量系统的某时刻的弹性（因此被称为商弹性）[77]，如图 7 所示。Ouyang 等人描述了弹性的积分模型[78]，这个模型是建立在系统在 0 到 T 时间段内系统性能变化过程的基础之上的，如图 8 所示，这个过程可能包括若干破坏事件，每个事件都包括三个阶段：灾害预防阶段、破坏扩展阶段以及评估和恢复阶段，这三个阶段分别反映了系统在干扰事件之下的抵抗、吸收和恢复能力，它们共同决定了系统在时间水平线上的弹性，该模型用目标性能曲线 $P_T(t)$ 和实际性能曲线 $P_R(t)$ 的积分之比来对弹性进行度量。后来 Ouyang 等人又对这个公式进行了改进，给出了事件发生概率服从泊松分布时的弹性计算公式[79]。以上弹性模型和评估方法均在工程领域得到成功应用，由于论文篇幅原因，本文没有具体介绍这些模型的计算方法和公式。

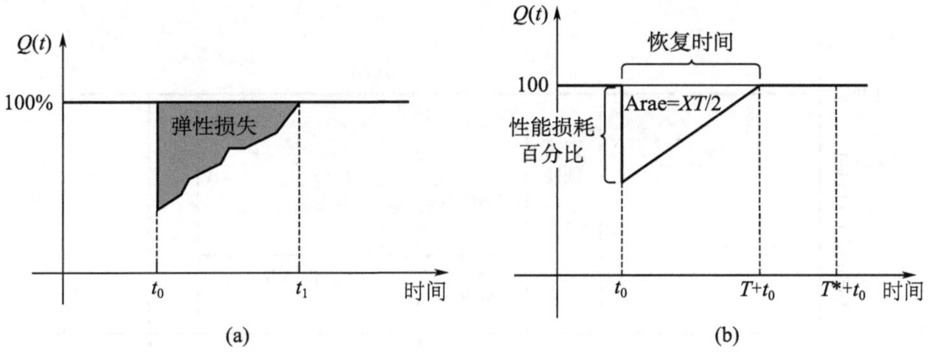

图 5　弹性评估三角形模型

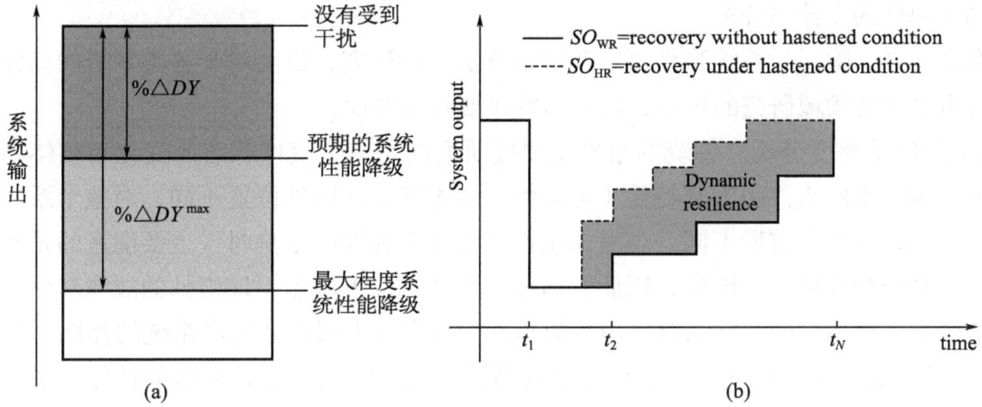

图 6　静态和动态弹性评估模型

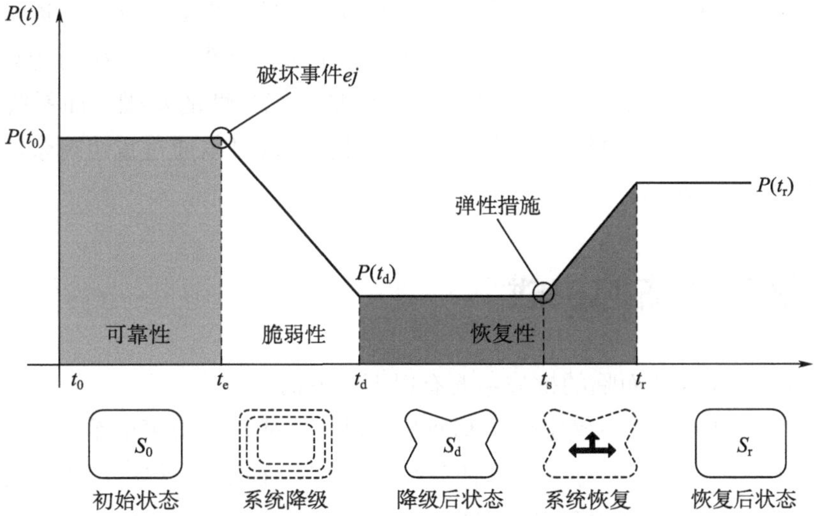

图 7　商弹性评估模型

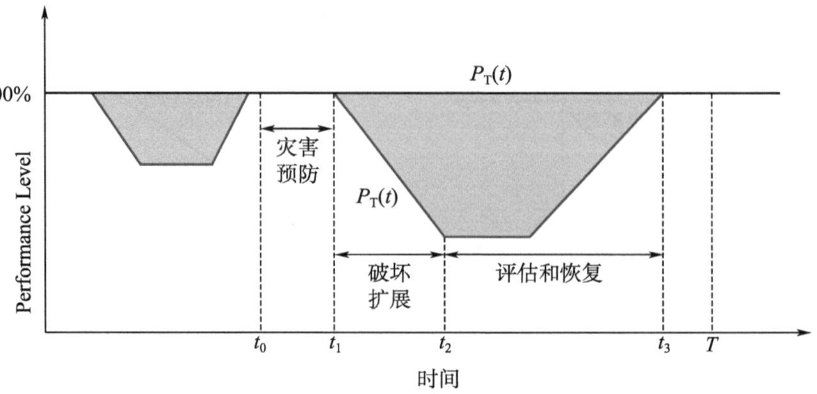

图 8　积分弹性评估模型

（3）弹性的设计与分析

在学术界，除了对系统弹性概念和评估方法进行研究，目前对于各类系统的弹性分析与设计也是弹性领域研究的热点，这些研究主要在两方面：

1）组件重要度分析。传统的组件重要度研究的是单个组件状态的变化对整体系统可靠性的影响，不同组件因为其特性（可靠性，成本等）和所处位置不同，对整个系统的可靠性的重要程度也会有所不同。当考虑组件重要度对弹性的影响时，主要衡量的是不同组件失效对系统弹性损失的影响，因此，需要重点强调以下两点：该组件的故障对整个系统性能的影响；在最佳的时间来修复出现故障的组件以最大限度地提高系统的弹性[80-81]。

2）系统破坏和恢复策略。如何才能使系统在短时间内恢复到最佳的性能水平，这取决于所采取的恢复策略。对于弹性恢复机制而言主要包括两种[82-83]：修复和重组（外在或内在的方法），修复指的是对破坏组件进行维修、修复或替换；重组指的是利用其他组件的功能冗余来实现对损坏组件所造成的性能损失的弥补[84]。系统弹性指的是在破坏事件发生后系统利用其自身的特性和内在结构对损失的性能进行恢复的能力。通常，系统具备弹性的前提是系统组件功能的独立性、系统组件功能的冗余性以及系统自身具备演化的特性或重组能力[85]。其中，系统组件功能的冗余性是系统弹性的基础，而系统的演化特性是弹性恢复的实现途径。当系统中某个组件失效时，系统可以通过重组剩余的组件来弥补组件失效所带来的性能损失。

5　ERS 研究面临的挑战

目前美国国防部 ERS 面临的挑战主要有以下几方面：

首先，ERS 面对的多重不确定性是其面临的最大挑战。国防军事系统弹性不足所带来的风险主要源于系统需求、采办过程、任务和环境的不确定性。尽管美国国防部要求在采办过程中实施弹性工程，但如何消除这些不确定性是一个永恒的难题。目前已经采用多种手段来消除，如在需求定义阶段即采用基于模型的系统工程，利用模型的便利来实现需求的可视化和可执行；在系统设计时考虑系统的可靠性、脆弱性，利用功能和组件冗余提高系统抵抗破坏的能力；开发系列化产品使产品能重新配置和 / 或更换很容易适应其他任务环境；设计健康管理系统来预测、监测和自主修复系统故障等，这些都是提高系统在各种任务环境中可信、有效的方式，通过快速重配置或及时更换单个组件，能够使用多种选项有效服务于各种各样的任务。因此，美国国防部研究 ERS 的一个关键挑战是开发和部署经济实惠、适应性强以及有效的系统，并通过任务波动性和不确定的条件来检验。

其次，ERS 要采取合理措施提高新开发系统和在役系统的适应性。对于新开发系统，一开始就需要在权衡空间中寻找系统弹性方案来进行设计，要求 ERS 能提供一种自适应的基于能力目的和任务的权衡空间分析能力。ERS 要能对系统方案进行权衡，评估其经济负担能力，究竟使用一次性系统还是弹性系统方案，这种权衡在资源受限的环境尤其需要谨慎。另外，对于已有的在役系统，也并非完全没有弹性，也需要在弹性权衡空间中在抵制 / 抵抗 / 吸收破坏与干扰、恢复、适应和广泛的功用四个关键属性中找到两个以上的优化空间，通过弹性改进措施以提高现有系统的弹性，或进行组合形成具有高弹性装备体系以适用于不确定的任务和环境。这些弹性设计和改进措施对于一些系统是可行的，但往往成本高昂，或者有些复杂系统本身弹性设计和改进空间有限，难以提高弹性。

最后，ERS 要在经济可接受前提下将系统多种特性进行综合权衡。目前工程系统设计时所采取的可靠性、安全性等设计不足以全面提高系统弹性，尤其是在进行成本分析的时候，需要同任务以及其他物理现实手段和物理实体进行耦合分析。环境的复杂性、成本和系统的复杂性限制了进行足够真实世界物理试验的可能，这种情况会限制准确的数据收集，因此需要使用验证模型来预测和分析系统可能的性能，使用建模和仿真来扩展权衡空间。目前，武器装备研制工业和政府部门使用高性能计算资源，利用基于模型的系统工程技术，用验证模型和仿真复现基于物理的交互并预测系统功能，从而预测可能影响任务执行的各种任务背景。这些模型和仿真生成的数据可以对系统抵抗风险的能力进行评估，其评估结果可以用于国防系统 ERS 进行权衡，用来确定一个系统提供所需能力的风险，以及确定系统是否具备并表现出足够的弹性来保证系统的采办和部署。

6 结论

弹性是美国国防部要求军事装备系统具有的一项特性，以应对军事需求与使命任务不确定性的挑战，快速部署军事装备系统并投入使用。美国国防部 ERS 要求军事装备系统能够具有多功能多用途属性可以适应不同军事需求和作战任务需要，通过模块化可配置、可更换来适应不同的作战环境，并在非预期的环境或受到干扰、破坏的情况下可以继续完成既定任务目标，也就是运行稳健。总之，美国国防部 ERS 应该具有 4 个关键属性：抵御 / 抵抗 / 吸收破坏与干扰、恢复、适应、广泛的功用，同时具有 3 项或 4 项属性，才能被称之为“弹性系统”。美国国防部 ERS 从概念提出到框架系统开发，给所有国防采办部门相关工业部门和学术机构都提出了新的挑战和机遇。

参 考 文 献

[1] SCOTT LUCERO. Engineered resilient systems dod science and technology priority, Office of the deputy assistant secretary of defense for systems engineering. washington DC, 2012.

[2] KRISTEN BALDWIN. Affordable, effective and adaptable defense systems design, Office of the assistant secretary of defense, INCOSE SEDC 2012 Conference, 15 May 2012.

[3] NECHES R, MADNI A M. Towards affordably adaptable and effective systems[J]. Systems engineering, 2013, 16(2): 224-234.

[4] CARL FOLKE. Resilience: The emergence of a perspective for social-ecological systems analyses. Global environmental change, 2006, 16(3): 253-267.

[5] WALKER B, HOLLING C S, CARPENTER S R, et al. Resilience, adaptability and transformability in social-ecological systems[J]. Ecology & Society, 2004, 9(2): 3438-3447.

[6] HOLLING C S. Resilience and stability of ecological systems[J]. Annual review of ecology & systematics, 1973, 4(4): 1-23.

[7] 李湘梅，肖人彬，王慧丽，等. 社会－生态系统弹性概念分析及评价综述 [J]. 生态与农村环境学报，2014, 30(6): 681-687.

[8] ROBERT NECHES. Engineered Resilient Systems (ERS) S&T priority description and roadmap. Office of the deputy assistant secretary of defense for systems engineering. Washington DC, 2011.

[9] GOERGER S R, MADNI A M, ESLINGER O J. Engineered resilient systems: A DoD perspective[J]. Procedia computer science, 2014, 28: 865-872. (2014 Conference on Systems Engineering Research, CSER 2014).

[10] SITTERLE V B, FREEMAN D F, GOERGER S R, et al. Systems engineering resiliency: Guiding tradespace exploration within an engineered resilient systems context[J]. Procedia Computer Science, 2015, 44:649-658.

[11] Final report for the workshop on analytical support for societal and regional resiliency in support of national security[A]. Military operations research society, 2013.

[12] MADNI A M, JACKSON S. Towards a conceptual framework for resilience engineering[J]. IEEE Systems Journal, 2009, 3(2):181-191.

[13] Engineered resilient systems – systems engineering: knowledge capture and transfer[A]. Technical Report SERC-2014-TR-045-1, Systems engineering research center stevens institute of technology, 2014.

[14] YVETTE T RODRIGUEZ，AZAD MADNI. Adaptability in Engineered Resilient Systems (ERS)[C]. AIAA infotech at aerospace conference and exhibit 2012, California, VA, USA. 2012.

[15] GOERGER S R. Engineered Resilient Systems (ERS) overview [C]. Model-based enterprise summit 2013, US Army Engineer Research and Development Center (ERDC), 2013.

[16] SITTERLE V B, CURRY M D, FREEMAN D F, et al. 4.3.3 Integrated toolset and workflow for tradespace analytics in systems engineering[C]. Proceedings of INCOSE International Symposium, 2015, 24(1):347-361.

[17] DAVID R RICHARDS. Engineered resilient systems advanced analytics and modeling in support of acquisition, US Army Engineer Research and Development Center (ERDC), 2016.

[18] JEFFERY P HOLLAND. Engineered resilient systems power of advanced modeling and analytics in support of acquisition, NDIA 16th science and engineering technology conference, March 24-26, 2015.

[19] VIRANI S, STOLZAR L. A hybrid system engineering approach for engineered resilient systems: combining traditional

and agile techniques to support future system growth[J]. Procedia Computer Science, 2014, 28: 363-369.

[20] SPERO E, AVERA M P, VALDEZ P E, et al. Tradespace exploration for the engineering of resilient systems[J]. Procedia Computer Science, 2014, 28: 591-600.

[21] SPERO E, BLOEBAUM C L, GERMAN B J, et al. A research agenda for tradespace exploration and analysis of engineered resilient systems[J]. Procedia Computer Science, 2014, 28: 763-772.

[22] RIGHI A W, SAURIN T A, WACHS P. A systematic literature review of resilience engineering: Research areas and a research agenda proposal[J]. Reliability Engineering & System Safety, 2015, 141:142-152.

[23] SITTERLE V B, FREEMAN D F, GOERGER S R, et al. Systems engineering resiliency: Guiding tradespace exploration within an engineered resilient systems context[J]. Procedia Computer Science, 2015, 44: 649-658.

[24] HOSSEINI S, BARKER K, RAMIREZ-MARQUEZ J E. A review of definitions and measures of system resilience[J]. Reliability Engineering & System Safety, 2016, 145:47-61.

[25] PATRIARCA R, BERGSTRÖM J, DI G, et al. Resilience engineering: current status of the research and future challenges[J]. Safety Science, 2018, 102.

[26] WOODS D D, BULLETIN H. Resilience engineering: Redefining the culture of safety and risk management[J]. Human Factors & Ergonomics Society Bulletin, 2006.

[27] SCOTT J, FERRIS T L J. Resilience principles for engineered systems[J]. Systems Engineering, 2013, 16(2):152-164.

[28] JOHNSON, C, HERD A, WOLFF M. The application of resilience engineering to human space flight. In: International association for the advancement of space safety conference[C]. Huntsville, Alabama, 19-21 May 2010, 2010.

[29] WOODS DAVID. Creating foresight: How resilience engineering can transform NASA's approach to risky decision making. https://www.researchgate.net/publication/237353911, 2003.

[30] NAJJAR W， GAUDIOT J L. Network resilience: A measure of network fault tolerance. IEEE transactions on Computers, 1990，39(2)：174-181.

[31] THOMAS J OVERBYE, VIJAY VITTAL, IAN DOBSON. Engineering resilient cyber-physical systems, Power systems engineering research center, Arizona State University, 2012.

[32] BODEAU D, GRAUBART R. Cyber resiliency engineering framework. MTR110237, MITRE Corporation, 2011.

[33] ORDOUKHANIAN E. Resilience concepts for uav swarms, Center for Systems and Software Engineering (CSSE) Annual Research Review, 2016.

[34] ORDOUKHANIAN E, MADNI A M. Resilient multi-UAV operation: key concepts and challenges. In 54th AIAA Aerospace Sciences Meeting, 2016.

[35] LEONHARDT J, HOLLNAGEL E, MACCHI L, et al. (2009). A white paper on resilience engineering for ATM. Eurocontrol. Retrieved March, 9, 2011.

[36] GLUCHSHENKO O, FOERSTER P. Performance based approach to investigate resilience and robustness of an ATM system. In 10th USA/Europe air traffic management research and development seminar, 2013.

[37] SANSAVINI G. Engineering resilience in critical infrastructures. In resilience and risk (pp. 189-203). Springer, Dordrecht, 2017.

[38] LEVESON, NANCY, NICOLAS DULAC, et al. Engineering resilience into safety-critical systems. In resilience engineering: concepts and precepts, pp. 95-123. Ashgate, Surrey, 2006.

[39] BOZZA A, ASPRONE D, FABBROCINO F. Urban resilience: A civil engineering perspective[J]. Sustainability, 2017, 9(1).

[40] SALZANO E, NARDO M D, GALLO M, et al. The application of system dynamics to industrial plants in the perspective of process resilience engineering[J]. Chemical Engineering Transactions, 2014, 36:457-462.

[41] ALLENBY B, FINK J. Toward inherently secure and resilient societies[J]. Science, 2005, 309(5737): 1034-1036.

[42] PREGENZER A L. Systems resilience: a new analytical framework for nuclear nonproliferation[A]. Office of Scientific & Technical Information Technical Reports, 2011.

[43] HAIMES Y Y. On the definition of resilience in systems[J]. Risk Analysis, 2009, 29(4):498-501.

[44] Infrastructure Security Partnership. Regional disaster resilience: A guide for developing an action plan, Reston, VA: American Society of Civil Engineers, 2006.

[45] VUGRIN E D, WARREN D E, EHLEN M A, et al. A framework for assessing the resilience of infrastructure and economic systems[M]. Sustainable and resilient critical infrastructure systems. Springer berlin heidelberg, 2010:77-116.

[46] PELLISSIER R. The implementation of resilience engineering to enhance organizational innovation in a complex environment[J]. Global Management Journal, 2010, 6(1).

[47] SHEFFI YOSSI. Resilience reduces risk[J]. Logistics Quarterly, 2006, 12(1): 12-14.

[48] VOGUS T J, SUTCLIFFE K M. Organizational resilience: Towards a theory and research agenda[C]. IEEE International Conference on Systems, Man and Cybernetics. IEEE, 2007:3418-3422.

[49] PONOMAROV S Y, HOLCOMB M C. Understanding the concept of supply chain resilience[J]. International Journal of Logistics Management, 2009, 20(1):124-143.

[50] ADGER W N. Social and ecological resilience: are they related?[J]. Progress in Human Geography, 2000, 24(3):347-364.

[51] ROSE A Z. Economic resilience to disasters[J]. Disaster Prevention & Management An International Journal, 2009, 13(4): 307-314(8).

[52] KECK M, SAKDAPOLRAK P. What is social resilience? Lessons learned and ways forward[J]. Erdkunde, 2013, 67(1):5-19.

[53] COHEN O, LEYKIN D, LAHAD M, et al. The conjoint community resiliency assessment measure as a baseline for profiling and predicting community resilience for emergencies[J]. Technological Forecasting & Social Change, 2013, 80(9):1732-1741.

[54] PFEFFERBAUM B J, REISSMAN D B, PFFERBAUM R L, et al. Building resilience to mass trauma events[M]. Handbook of injury and violence prevention. Springer US, 2007:347-358.

[55] ROSE A, LIAO S. Modeling regional economic resilience to disasters: A computable general equilibrium analysis of water service disruptions[J]. Journal of Regional Science, 2005, 45(1):75-112.

[56] ROSE A. Economic resilience to natural and man-made disasters: Multidisciplinary origins and contextual dimensions[J]. Global Environmental Change Part B Environmental Hazards, 2007, 7(4):383-398.

[57] MARTIN R L. Regional economic resilience, hysteresis and recessionary shocks[C]. Utrecht university, section of economic geography, 2010:1-32.

[58] YOUN B D, HU C, WANG P, et al. Resilience-driven system design of complex engineered systems[J]. Journal of mechanical design, 2011, 133(10): 101011.

[59] HOLLNAGEL ERIK, DAVID D WOODS, NANCY LEVESON. Resilience engineering: concepts and precepts. Ashgate Publishing, Ltd., 2007.

[60] HOLLNAGEL E. Resilience engineering in practice: a guidebook[M]. Ashgate, 2011.

[61] DINH L, PASMAN H, GAO X, et al. Resilience engineering of industrial processes: Principles and contributing factors[J]. Journal of loss prevention in the process industries, 2012, 25(2):233-241.

[62] National Infrastructure Advisory Council (US). Critical infrastructure resilience: final report and recommendations. National infrastructure advisory council, 2009.

［63］ RESILIENCE ALLIANCE. Assessing resilience in social-ecological systems: A practitioners workbook, https://www.resalliance.org/resilience-analysis-practice.

［64］ SPERANZA C I, WIESMANN U, RIST S. An indicator framework for assessing livelihood resilience in the context of social–ecological dynamics[J]. Global Environmental Change, 2014, 28(1):109-119.

［65］ KAHAN J H, ALLEN A C, GEORGE J K. An operational framework for resilience[J]. Journal of homeland security & Emergency Management, 2009, 6(1).

［66］ LABAKA L, HERNANTES J, SARRIEGI J M. Resilience framework for critical infrastructures: An empirical study in a nuclear plant[J]. Reliability Engineering & System Safety, 2015, 141:92-105.

［67］ STERBENZ J P G, CETINKAYA E K, HAMEED M A, et al. Modelling and analysis of network resilience[C]. Third international conference on communication systems and networks. IEEE, 2011:1-10.

［68］ VUGRIN E D, WARREN D E, EHLEN M A. A resilience assessment framework for infrastructure and economic systems: Quantitative and qualitative resilience analysis of petrochemical supply chains to a hurricane[J]. Process Safety Progress, 2011, 30(3):280-290.

［69］ CUTTER S L, BARNES L, BERRY M, et al. A place-based model for understanding community resilience to natural disasters[J]. Global Environmental Change, 2008, 18(4):598-606.

［70］ PETTIT T J, FIKSEL J, CROXTON K L. Ensuring supply chain resilience: development of a conceptual framework[J]. Journal of business logistics, 2010, 31(1), 1-21.

［71］ SHIRALI G A, MOHAMMADFAM I, EBRAHIMIPOUR V. A new method for quantitative assessment of resilience engineering by PCA and NT approach: A case study in a process industry[J]. Reliability Engineering & System Safety, 2013, 119(119):88-94.

［72］ BRUNEAU M, CHANG SE, EGUCHI RT, et al. A framework to quantitatively assess and enhance the science the seismic resilience of communities. Earthq Spectra, 2003, 19(4):733-752.

［73］ ZOBEL CW. Representing perceived tradeoffs in defining disaster resilience. Decis Support Syst, 2011, 50(2):394-403.

［74］ ZOBEL CW, KHANSA L. Characterizing multi-event disaster resilience. Comput Oper Res, 2014, 42:83-94.

［75］ ROSE A. Economic resilience to natural and man-made disasters: multi-disciplinary origins and contextual dimensions. Environ Hazard 2007, 7(4):383-398.

［76］ COX A, PRAGER F, ROSE A. Transportation security and the role of resilience: a foundation for operational metrics. Transp Policy, 2011, 18(2):307-317.

［77］ HENRY D, RAMIREZ-MARQUEZ J E. Generic metrics and quantitative approaches for system resilience as a function of time[J]. Reliability Engineering & System Safety, 2012, 99: 114-122.

［78］ OUYANG M, DUEÑAS-OSORIO L, MIN X. A three-stage resilience analysis framework for urban infrastructure systems[J]. Structural Safety, 2012, 36: 23-31.

［79］ OUYANG M, WANG Z. Resilience assessment of interdependent infrastructure systems: With a focus on joint restoration modeling and analysis[J]. Reliability Engineering & System Safety, 2015, 141: 74-82.

［80］ BARKER K, RAMIREZ-MARQUEZ J E, ROCCO C M. Resilience-based network component importance measures[J]. Reliability Engineering & System Safety, 2013, 117(2):89-97.

［81］ 潘星，蒋卓，杨艳京．基于弹性的体系组件重要度及恢复策略 [J]．北京航空航天大学学报，2017, 43(9): 1713-1720.

［82］ HENRY D, RAMIREZ-MARQUEZ J E. Generic metrics and quantitative approaches for system resilience as a function of time[J]. Reliability Engineering & System Safety, 2012, 99:114-122.

［83］ XING PAN, YANJING YANG, GUOZHONG ZHANG, et al. Resilience-based optimization of recovery strategies for network systems[C]. International Conference on Reliability Systems Engineering, Beijing, China. July 10-12, 2017.

[84] FANG Y P, PEDRONI N, ZIO E. Resilience-based component importance measures for critical infrastructure network systems[J]. IEEE Transactions on Reliability, 2016, 65(2): 502-512.

[85] UDAY P. System importance measures: A new approach to resilient systems-of-systems (Doctoral dissertation, Purdue University). 2015.

基于云的武器装备研制新模式

林廷宇
北京电子工程总体研究所

摘　要　当前全球制造业的发展正在经历深刻的调整和变革。武器装备制造业是国防安全的重要支柱，是国家工业化的战略性产业。本文首先回顾了制造业信息化的发展历程，简要概述了云制造的概念和内涵，并详细综述了云制造技术、应用和产业的发展现状，指出在当前智慧制造应用阶段，云制造是其中的一种智造新模式、新手段和新业态。结合武器装备及武器装备研制的特点，本文还综述了国内外厂商关于复杂产品解决方案中的云制造理念，并结合作者在武器装备研制企业的云制造实践，提炼出对基于云的武器装备研制新模式的认识，即基于数据、模型和知识实施面向武器装备研制和武器装备产品的云制造。

关键词　武器装备研制；智能制造；云制造；制造业信息化；新模式

1　引言

当前，制造业正面临全球新技术革命和产业变革的挑战，特别是新一代信息通信技术及智能科学技术的快速发展及其与制造业的深度融合，正引发制造业制造模式、制造流程、制造手段、生态系统等的重大变革。制造业重新成为全球经济竞争的制高点，各国纷纷制定以重振制造业为核心的再工业化战略，应对制造业面临的挑战。美国发布《先进制造业伙伴计划》[1] 及《先进制造业伙伴计划 2.0》[2]，德国发布《工业 4.0》[3]，欧盟发布《未来工厂计划》[4]，日本发布《新机器人战略》[5] 等，旨在通过资助新兴制造技术的研发，提高国家在全球化制造市场中的竞争力。除去国家级制造计划，产业界高技术企业也积极推出了自己的产业 / 制造业发展项目 / 计划，代表性的如美国 GE 公司率先提出工业互联网的概念 [6]。

武器装备制造业是国防安全的重要支柱，是国家工业化的战略性产业。多年的持续投资建设，使得我国逐步建立起了较为完整的国防工业体系。不过，随着传统和非传统安全问题变得日益复杂，强敌武器装备的更新换代，使得对新武器装备的技战术指标以及研制周期、质量、成本等要求越来越高，迫切需要升级武器装备制造业的研制能力，针对其多学科交叉、多专业配套、跨地域协作、全生命周期高度协同等显著特点，形成武器装备研制的新模式，以满足实战化要求。

在制造业信息化的技术发展大潮中，云制造是重要的发展方向，近些年在国内外得到了快速的发展，并有可能在武器装备研制中发挥重要的作用。目前云制造模式已经写入了从《中国制造 2025》战略规划和“互联网 +”行动计划到“新一代人工智能”发展规划和“发展工业互联网”指导意见中[7-12]，有必要研究国外云制造的发展现状，为我国深入发展云制造，特别是在武器装备研制中推广云制造提供必要的咨询建议。本文首先回顾了制造业信息化的发展历程，然后简要概述了云制造新模式，之后详细综述了技术、应用和产业的发展现状，并汇总提出了基于云的武器装备研制新模式，最后形成了总结与建议。

2 制造业信息化的发展历程

在需求牵引和信息技术的推动之下，制造业信息化模式从最早的单项技术和局部系统的应用阶段，发展到以计算机集成制造和并行工程为代表的信息集成、功能集成和过程集成所构成的企业级集成应用阶段，再发展到以敏捷制造、网格制造、供应链管理和电子商务为主要内容的基于企业间网络化制造的集成应用阶段，然后进入到当前的制造业信息化发展历程，如图 1 所示。

第一阶段，单项技术和局部系统的应用阶段。该阶段大体上从 20 世纪 60 年代至 80 年代初期，以 CAD/CAE/CAPP/CAM[14]、成组技术（GT）、数控技术[15]和 MRP/MRP II[16]等单项技术应用，以及面向制造过程的柔性制造系统（FMS）发展为主要内容。以美国军工制造业为例，在 20 世纪 60 年代至 70 年代，美国国防制造企业中就建立了许多自动化岛，如 1978 年美国 Lima 坦克厂安装了 M-1 坦克车体精加工柔性自动线，只需 7 个多小时就可完成 M-1 整个车体的加工；M-1 坦克扭力轴本体柔性加工自动线、坦克传动箱柔性加工系统、M-2 战车零件柔性加工系统、M-2 战车炮塔稳定器传动系统零件柔性加工系统，以及炮尾、炮架和复进机构柔性加工系统也在 20 世纪 70 年代末至 80 年代初建成；潜艇建造也开始采用 100% 交互的三维数字模型替代传统昂贵的全尺寸实物模型[17]。各种单项技术和能够实现多品种、变批量制造的柔性系统的应用，有力地提高了制造企业的设计、制造水平，提高了企业竞争力。应当指出，在此阶段中，各种单项技术的应用使企业内产生了一系列的自动化孤岛，柔性制造系统的成功应用虽然能使单机自动化变为系统自动化，但它所解决的还只是产品制造过程中的局部问题，不能解决制造、设计及管理等职能部门的有机集成问题。

第二阶段，信息集成、功能集成和过程集成构成的企业级集成应用阶段，即 20 世纪 80 年代至 90 年代前期计算机集成制造（CIM）[18]的蓬勃发展阶段。20 世纪 80 年代，CIM 在世界范围内得以迅速发展，美国国防部于 80 年代将研究与应用的重点转移到 CAD/CAM/CIM 系统战略并付诸实施。在解决企业内部自动化孤岛间的信息与功能集成之后，为了进一步提高企业产品设计开发效率和一次成功率，减少传统串行设计方法造成的大量返工，1988 年美国国防部分析研究所提出了并行工程的思想，以实现过程集成。如今，并行工程的思想和方法[19]已被全球制造业广泛采用。大量的武器装备，如美国的先进的两栖突击车（AAAV）、“弗吉尼亚”级潜水艇及 F/A-18 战斗机等，采用的集成产品与过程开发（Integrated Product and Process Design，IPPD）技术均是依据并行工程的思想，

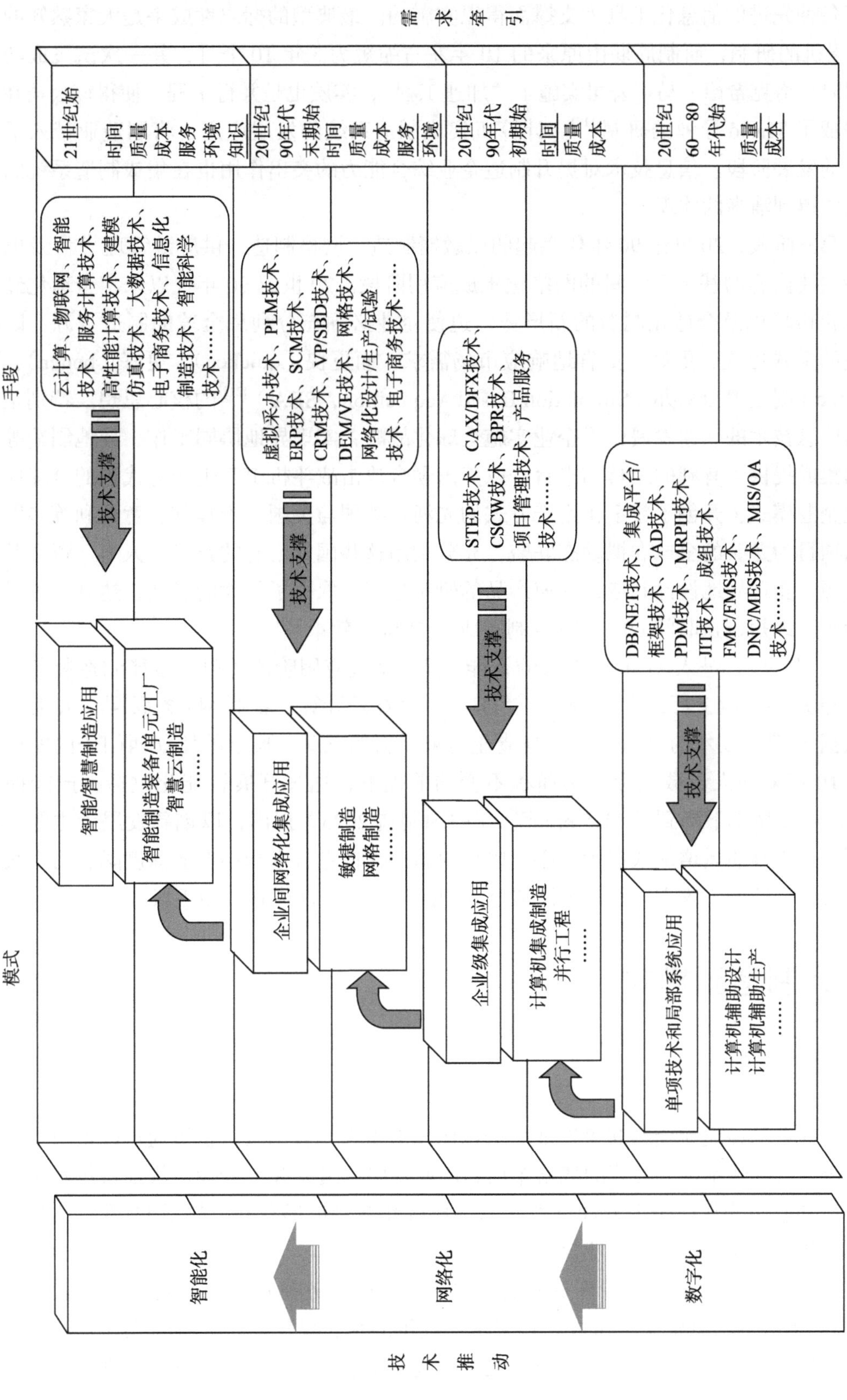

图1 制造业信息化发展历程[13]

并以各种先进的信息化工具为支撑而得以实施的。最典型的标志性成果是大家熟知的波音777飞机的研制，研制周期由原来的10年左右缩短为3年10个月，并一次试飞成功。与此同时，洛克希德·马丁公司实施了“加速工程”，实质也是并行工程，使得该公司在2年内完成了Thaad导弹的研制[17]。计算机集成制造系统的发展应用，将制造业带入了一个全新的发展阶段。信息技术对提升制造企业综合能力的突出作用也在集成制造系统的成功应用中得到清晰的体现。

第三阶段，20世纪90年代兴起的以敏捷制造、网格制造、供应链管理[19-20]及电子商务为主要内容的基于企业间的网络化集成应用阶段。20世纪90年代以来，全球化经济、全球化市场以及全球化制造的新形势，迫使企业必须充分利用全球的制造资源，以敏捷制造的模式更快、更好、更省地响应市场需求，而更快（quicker）、更好（better）、更省(cheaper)则是虚拟采办（Simulation Based Acquisition，SBA）[21]的核心思想。特别是随着网络信息技术的飞速发展，为企业实施全球化战略，实现异地协同工作、异地制造等企业间的集成提供了有利的工具和平台。以美国联合攻击战斗机JSF生产为代表的全球性虚拟制造企业模式，开创了数字化生产方式的先河。美国与英国、土耳其、意大利等多国建立了以项目为龙头的全球虚拟动态联盟，充分利用这些国家已有的技术、人力、资金及设备等资源，实现异地设计制造，加速产品的研制生产，取得了很大的成功，达到缩短设计时间50%，缩短制造时间60%，减少制造成本50%的效果[17]。

第四阶段，进入21世纪以来的智能/智慧制造应用阶段（包括智能制造装备、智能制造单元、智能工厂以及云制造[22-25]等）。随着云计算、物联网/务联网、人工智能及大数据等[26-31]技术的飞速发展，制造业迎来了新的飞跃。典型的比如西门子的安贝格工厂，10年来在人员数量和厂房面积不变的前提下，通过开展智能化改造，产能提升了8倍，不良品率下降到了11.5 ppm[32]。《中国制造2025》提出，以创新发展为主题，以促进制造业提高质量增加效益为中心，以加快新一代信息技术与制造业深度融合为主线，以推进智能制造为主攻方向。而云制造是其中的一种智造新模式、新手段和新业态。

3 云制造新模式

3.1 云计算

云计算已经成为全球ICT产业界公认的发展重点。各国政府积极通过政策引导、资金投入等方式加快本国云计算的战略布局和产业发展；国际ICT产业巨头加快技术研发、企业转型和联盟合作以抢占云计算发展的主导权和新兴市场空间。权威IT机构预测：未来5～10年，绝大多数制造企业会采纳云计算。

云计算的目标是形成计算资源的“自来水”式服务模式。其最高境界是把计算资源（包括它承载的信息资源）做成如自来水厂提供的水、煤气公司提供的煤气、发电厂提供的电一样，只要打开开关，计算资源就会像这些生活资源一样源源不断地进入家庭、办公室和厂房，成为人类生产和生活不可缺少的一部分。下面分别展开介绍云计算的定义、特点及分类。

（1）云计算的定义

美国国家标准和技术研究院（National Institute of Standards and Technology，NIST）于2009年提出云计算的定义，得到了广泛认同。即[33]“云计算是一种能够通过网络以便利的、按需付费的方式获取计算资源（包括网络、服务器、存储、应用和服务等）并提高其可用性的模式，这些资源来自一个共享的、可配置的资源池，并能够以最省力和无人干预的方式获取和释放。”NIST还提出云计算模式的5个关键功能，3种服务交付模式和4种部署方式。云计算概念模型如图2所示。

可以认为，云计算的核心是可以自我维护和管理的虚拟计算资源，通常是一些大型服务器集群，包括计算服务器、存储服务器和宽带资源等。云计算将计算资源集中起来，并通过专门的软件实现自动管理，无须人为参与。用户可以动态申请部分资源，支持各种应用程序的运转，无须为烦琐的细节而烦恼，能够更加专注于自己的业务，有利于提高效率、降低成本和技术创新。

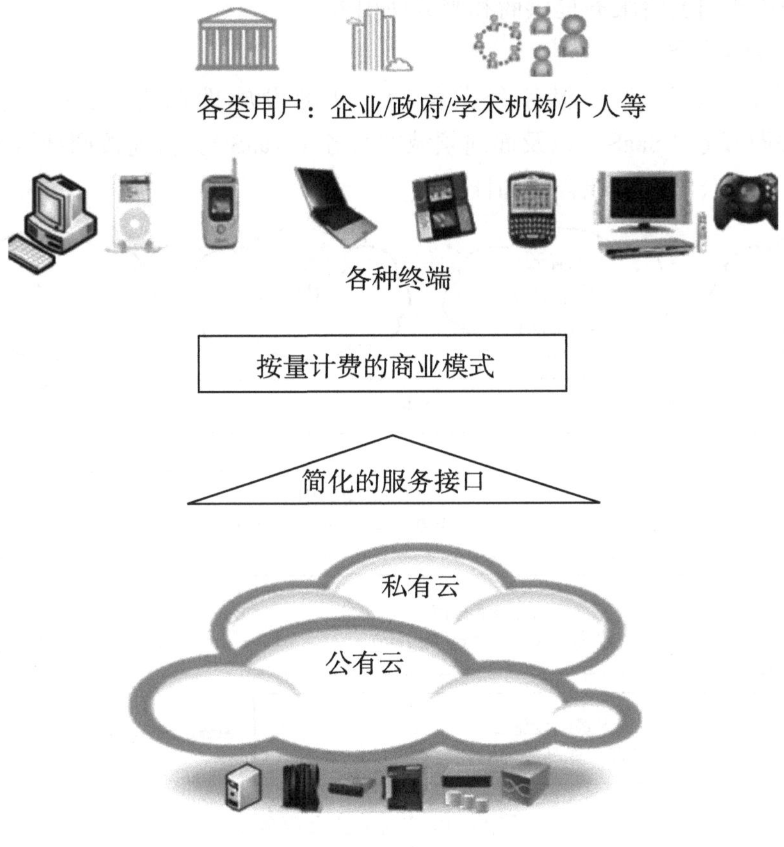

图2　云计算概念模型

（2）云计算的特点

美国国家标准和技术研究院提出了云计算的五个基本特性[33]：

1）按需分配的自助服务。消费者可以在需要的时候，不必与服务提供商的人员接触，单方面地自主获得计算能力，比如服务器时间、网络和存储。

2）宽带网络访问。用户通过基于网络的标准机制访问计算能力，这些标准机制提倡使用各种异构的胖 / 瘦客户端 (移动电话、平板电脑、笔记本和个人工作站)。

3）资源池化。服务提供商的资源使用多租户模式，服务多个消费者，依据用户的需求，不同的物理和虚拟资源被动态地分配和再分配。同时还有位置无关的特性，用户通常不需要掌控或者了解资源的具体物理位置，不过用户可以在更高层次的抽象层指定位置（国家、州 / 省或者数据中心）。典型的资源包括存储、处理器、内存和网络带宽。

4）快速弹性。弹性地提供或者释放计算能力，以快速伸缩匹配等量的需求，在某些情况下，这种伸缩是自动的。对消费者来说，这种可分配的计算能力通常显得没有数量限制，可以随时随地按需自助配置。

5）可评测的服务。通过利用与服务匹配的抽象层次的计量能力（比如存储、处理器、带宽和活跃用户账号数），云系统自动控制和优化资源的使用。资源使用可以被监控、控制和报告，提供透明度给服务提供商和服务使用者。

（3）云计算的分类

如图 3 所示，云计算的服务分类包括：基础设施即服务（IaaS）、平台即服务（PaaS）、软件即服务（SaaS）以及面向领域的服务（XaaS）。目前按照部署方式分类，云计算包括私有云、公共云、混合云和社区云[33]。

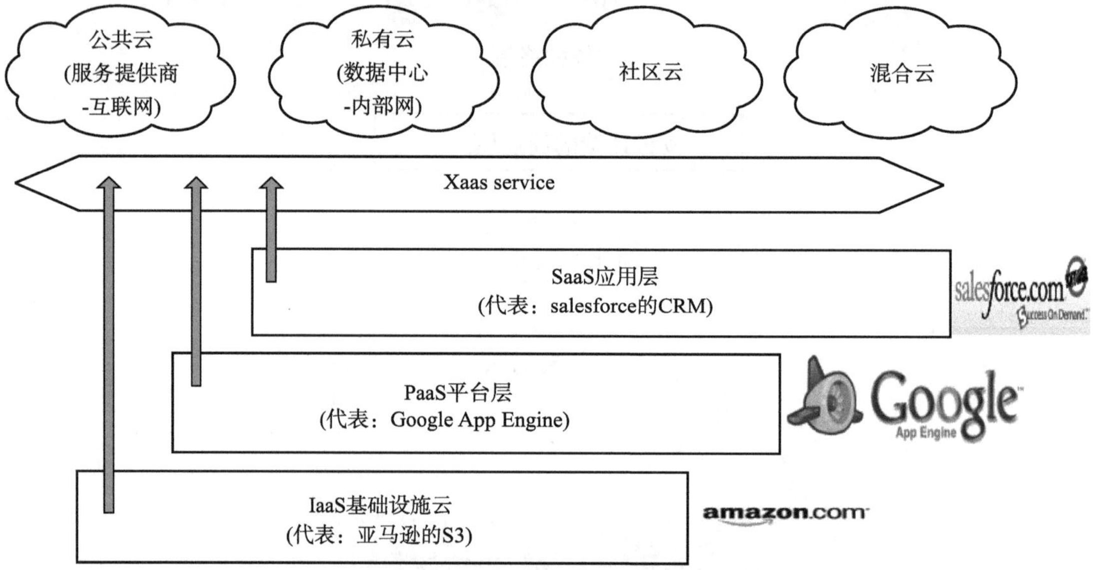

图 3　云计算的 SPI 交付方式及服务部署形式

1）私有云。云设施为一家单独的组织所独享，组织内部可能有多个消费者（比如不同的业务部门）。此类云可以由此组织或者第三方，或者两者的联合体所拥有、管理和运行。此类云可以物理部署在该组织的大楼机房中，也可以不在其中。

2）公共云。云设施向公共开放使用。它可能由商业机构、学术机构、政府机构，或者它们的联合体，所拥有、管理和运行。

3）混合云。云设施是一个上述两种或多种不同云设施（私有云，社区云和公共云）的混合体。这类云中云分别保持独立，但是借助于标准的或者私有的技术，云中的数据和应用程序可以在其间迁移，比如在不同云之间做负载均衡，形成云爆裂（Cloud Bursting）。

4）社区云。云设施由一个特性的社区所独享，该社区由一群有共同考量（比如共同目标、安全要求、政策考量和合规性考量）的组织组成。社区云可以由社区中的一个或者多个组织，或者第三方，或者它们的混合体所拥有、管理和运行。此类云可以物理部署在该社区所拥有的大楼机房中，也可以不在其中。

3.2 云制造

借鉴云计算的理念，我国学者在国内外率先提出云制造[22-25]和智慧云制造[34-35]的理念，并在全球取得了较大的影响力，形成了云制造新模式[36-46]。作为一种"互联网+大数据+人工智能+"时代的新模式[39]，云制造可以概括为基于云计算提供的IaaS（基础设施即服务）、PaaS（平台即服务）、SaaS（软件即服务）在制造领域的落地和拓展。它丰富、拓展了计算云的资源共享内容、服务模式以及支撑技术，如图4所示。

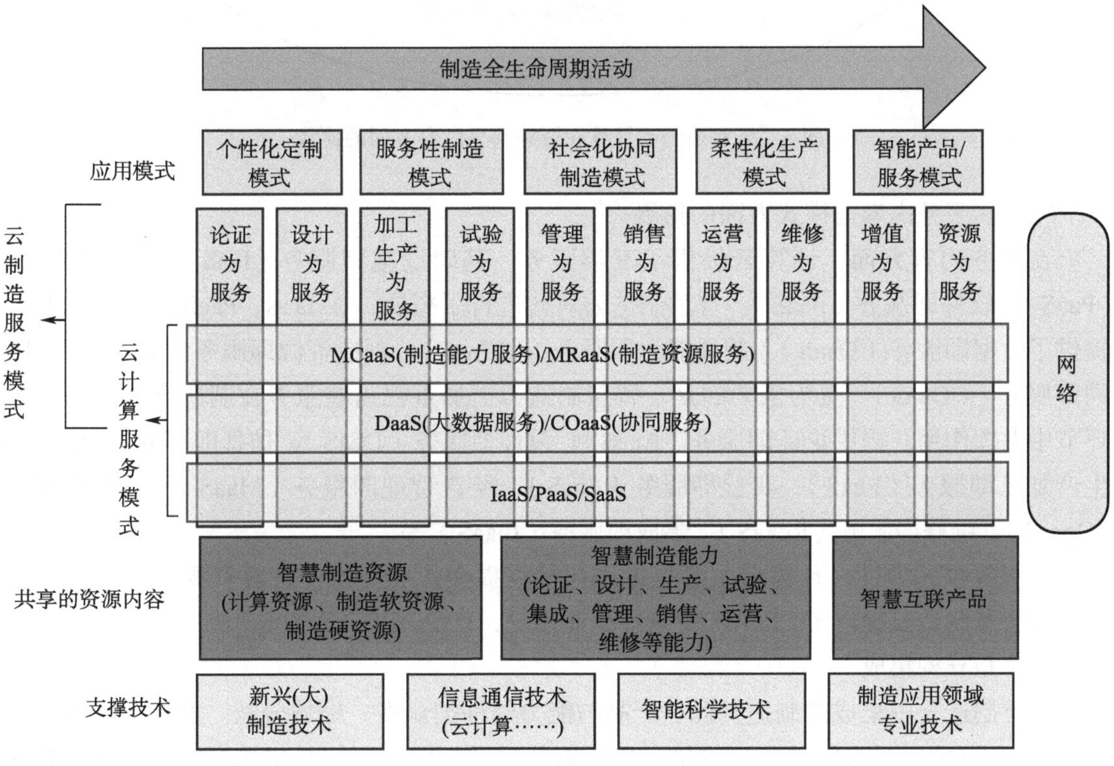

图4 资源共享内容、服务模式与支撑技术的扩展

（1）在资源共享的内容方面的拓展

计算云共享的资源类型主要为IT计算资源（如存储、运算器、软件、数据等），智慧制造云共享的资源类型除IT计算资源外，还包括智慧“软”制造资源：制造过程中的各种模型、（大）数据、软件、信息、知识等；智慧“硬”制造资源：（大）智慧制造硬设备如智慧的机床、机器人、加工中心、计算设备、仿真设备、实（试）验设备、检测设备、计量设备等大制造全生命周期过程中涉及的各类智慧制造设备设施及材料、能源等；智慧制造能力：制造过程中有关的论证、设计、仿真、生产、实（试）验、管理、销售、（产品）运营、（产品）维修、集成等专业能力（包括人力/组织、资源、知识（产权）、流程、产品/服务、业绩和信誉等）；智慧制造互联产品：包括数字化、网络化、智能化的新型制造互联产品，如接入车联网的智能运输车辆、工程机械等。

云制造与云计算在资源共享内容方面的比较如图5所示。

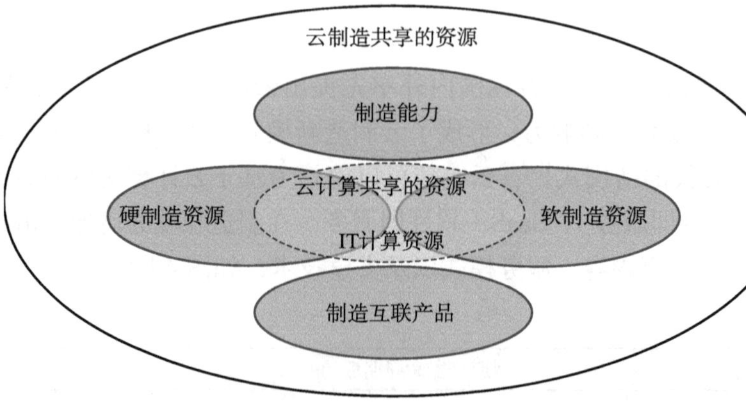

图5　云制造与云计算在资源共享内容方面的比较

（2）在服务内容与模式方面的拓展

在服务内容方面，计算云提供了三类服务：基础设施即服务（IaaS）、平台即服务（PaaS）、软件即服务（SaaS）。智慧制造云对此进行了拓展，在IaaS、PaaS、SaaS之上，提供了数据即服务（DaaS）、制造能力即服务（MCaaS）、制造资源即服务（MRaaS）、协同即服务（COaaS）。更为重要的是，智慧制造云更加重视这些服务在制造全生命周期各环节中发挥作用，提供论证即服务（AaaS）、设计即服务（DaaS）、仿真即服务（SaaS）、生产加工即服务（FaaS）、实验即服务（EaaS）、经营管理即服务（MaaS）、运营即服务（OpaaS）、维修即服务（ReaaS）、集成即服务（InaaS）等。

在服务模式方面，计算云主要提供用户按需提交作业与操作计算资源的计算服务模式。而智慧制造云提供了“以用户（制造企业用户，产品用户）为中心”的制造服务模式。

①分布异构集成

智慧制造云中集成的制造资源、产品与能力的种类众多、地域分散。虽然云的理念是资源/产品/能力尽可能地集中维护，然后再分散进行服务，但是仍然有很多“硬”制造资源不便于物理集中，部分模型和知识资源也由于知识产权的因素分散保管，此为分布性；异构性既指不同类型资源之间的异构，也指同类资源之间的异构，同样是车床，可能有不同的行程范围和加工精度。智慧制造云遵循的是“分散资源 / 产品 / 能力集中管理、集中管理资源 / 产品 / 能力分散服务”的思想，云服务是分布异构资源 / 产品 / 能力集成而得。

②按需动态架构

智慧制造云服务屏蔽了制造资源、产品与能力的分布异构性，智慧制造云能够根据多主体用户不同的制造任务需求，动态地组合不同类型的制造服务，动态地生成、优选和绑定虚拟制造资源 / 产品 / 能力实例，从而构建出专门的云任务执行环境。

③协同互操作

智慧制造云服务之间具有协同互操作的特性，这是由制造过程存在多学科、多阶段的特征所决定的。协同互操作意味着智慧制造云服务之间具有数据交互关系、时序逻辑关系甚至时间同步要求（对于具有状态的智慧制造云服务），这既影响了智慧制造云服务可组合性分析，也要求在单个服务动态切换或者失效时评估对其他服务的影响。

④高可扩展

虚拟化技术特别是多租户技术的运用，使得智慧制造云服务具有了超强、无限的能力。在制造系统中，很多“硬”制造资源是难以并发提供服务的，比如说一台五轴加工中心同时只能加工一个工件；很多传统模式下开发出来的“软”制造资源在任一时段也只能独占式地使用。智慧制造云在借鉴计算系统虚拟化技术的基础之上，通过快速、灵活地组织众多同类制造资源、产品与能力，将其虚拟化成无差别的资源 / 产品 / 能力实例，支持为多个主体用户并发提供服务。

⑤纵向、横向柔性优化

在纵向上，智慧制造云在设备、单元 / 生产线、车间 / 工厂层次可以实现最优化配置和柔性化重组；在横向上，智慧制造云可以通过对供应链、销售链、服务链等环节进行跨企业的计划排程和信息流、资金流、物流的综合优化，使得柔性制造从企业内部延伸到产业链上下游。

⑥超强、快速、灵活的创新能力

智慧制造云可基于众包模式，借助社会化制造资源满足海量用户的个性化需求，甚至为用户创造新的需求；可以整合全球范围内的专业能力，通过社群的竞争和协作开展创新设计、优化解决方案。

⑦全生命周期智慧制造

智慧制造云服务可支持制造产品全生命周期各个阶段。不同制造阶段之间通过知识进行有效衔接，基于知识对各阶段的智慧制造云服务进行调度，从而实现高度一体化的全生命周期智慧制造。

（3）在支撑技术方面的拓展

智慧制造云融合了 3D 打印、先进工艺、智能机器人、智能机床、全生命周期虚拟样机工程等新兴（大）制造技术，云计算技术、物联网技术、移动互联网技术、服务计算技术、高性能计算技术、建模仿真技术、大数据技术、电子商务技术、网络安全技术等信息通信技术，智能科学技术以及制造应用领域专业技术。

总的来说，对云制造新模式可以有如下理解：基于泛在网络，借助新兴的制造科学技术、信息通信科学技术、智能科学技术及制造应用领域技术4类技术深度融合的数字化、网络化、智能化技术手段，构成以用户为中心的统一经营的智慧制造资源、产品与能力的服务云（网），使用户通过智慧终端及智慧云制造服务平台便能随时随地按需获取智慧制造资源、产品与能力服务，对制造全系统、全生命周期活动（产业链）中的人、机、物、环境、信息进行自主智慧地感知、互联、协同、学习、分析、认知、决策、控制与执行，促使制造全系统及全生命周期活动中的人/组织、技术/设备、管理、数据、材料、资金（六要素）及人才流、技术流、管理流、数据流、物流、资金流（六流）集成优化；形成一种基于泛在网络，以用户为中心，人、机、物、环境、信息融合，互联化（协同化）、服务化、个性化（定制化）、柔性化、社会化、智能化的智慧制造新模式和"泛在互联、数据驱动、共享服务、跨界融合、自主智慧、万众创新"的智慧制造新业态；进而高效、优质、节省、绿色、柔性地制造产品和服务用户，提高企业（或集团）的市场竞争能力[34-35]。

4 技术、应用和产业的发展现状

4.1 技术研究与实践

在我国学者提出云制造的同年8月，欧盟第七框架也启动了制造云项目（ManuCloud，Project-ID：260142），总投资500多万欧元。该项目由弗劳恩霍夫研究院（Fraunhofer-Gesellschaft，FhG），制造技术和自动化研究所（IPA）牵头，德国、英国、奥地利、匈牙利四个国家的大学、研究所和企业共同承担。其具体技术架构如图6所示。

该项目认为[47]，制造业是维持欧洲繁荣的重要支柱，而改进和确保欧洲制造业竞争力的途径在于实现从大规模制造到个性化、以顾客为中心、绿色制造转变。转变的前提是获得敏捷的IT系统，以支持生产网络层和工厂、流程层的柔性。为此，该项目主要聚焦于两点，一点是工厂内部环境，目标是改造工厂内部生产相关的IT系统，将工厂接入到跨工厂的环境中；另一点是跨工厂的环境，即虚拟化制造服务的市场，支持多工厂之间基于某一业务的互联、互操作。

接着，欧盟第七框架又启动了一个有关云制造的项目CAPP-4-SMEs，打算通过云制造向中小企业用户（SMEs）提供计算机辅助工艺规划（CAPP），或者是实现面向可持续制造环境（Sustainable Manufacturing Environment）的协同（Collaborative）、自适应（Adaptive）的工艺规划（Process Planning）。该项目由瑞典皇家理工学院（KTH）牵头，由来自瑞典、英国、希腊、德国和西班牙的11个单位（4所大学、1家跨国制造公司和6个中小企业）共同承担。其具体技术架构如图7所示。

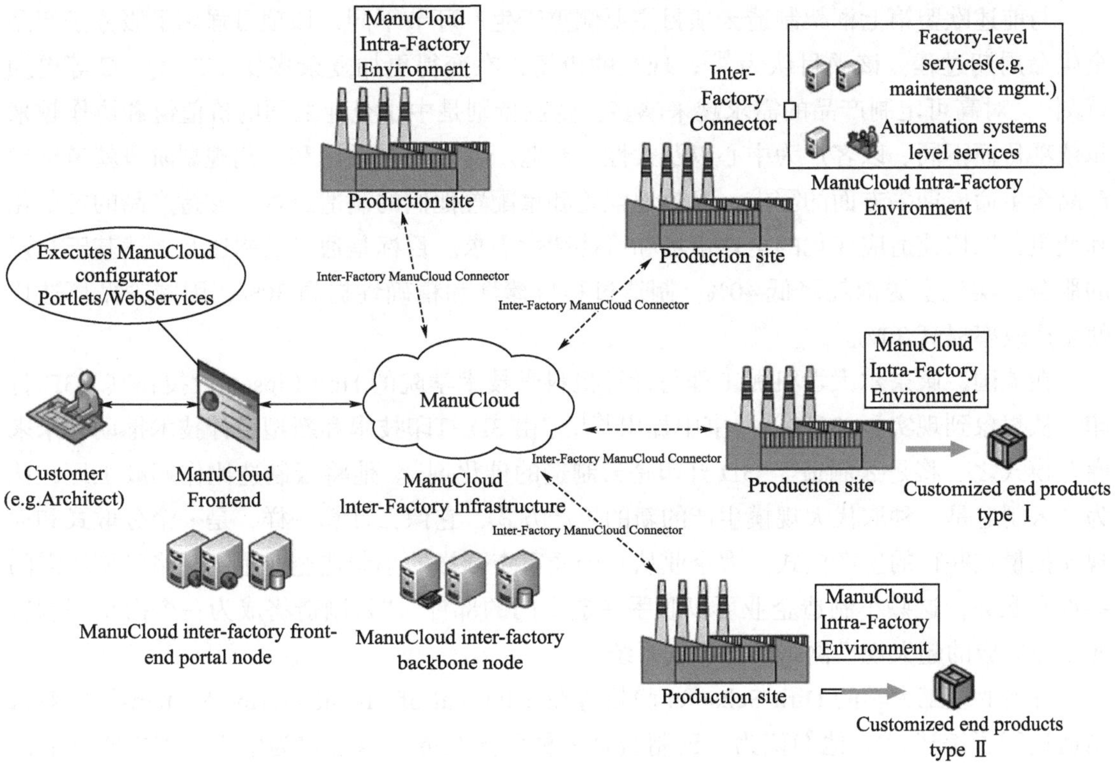

图 6 欧盟第七框架 ManuCloud 项目的技术架构 [47]

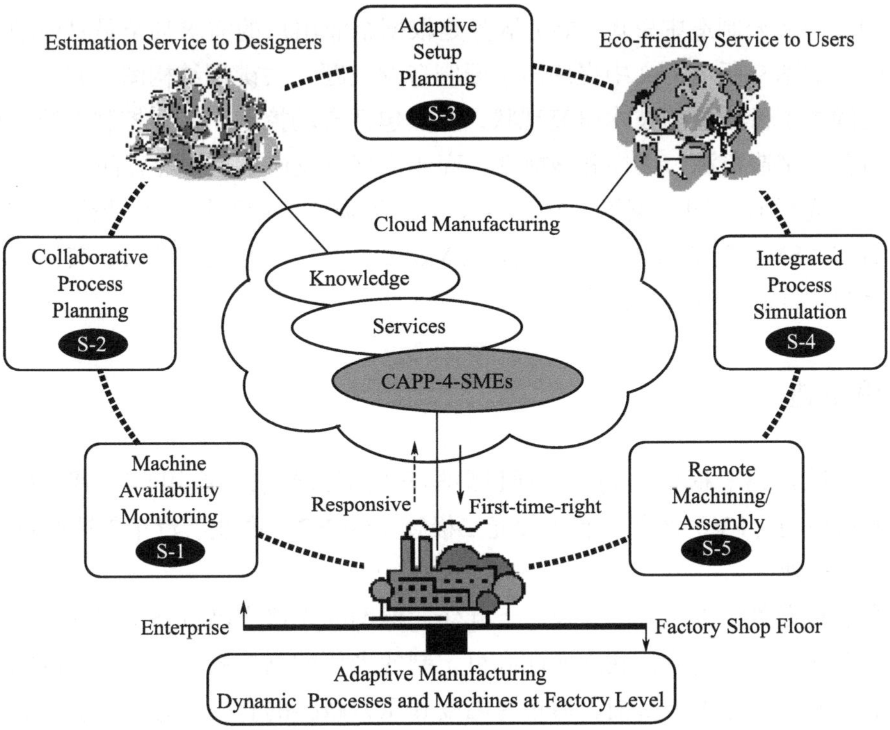

图 7 欧盟第七框架 CAPP-4-SMEs 项目的技术架构 [48]

与前述欧盟第七框架制造云项目主要侧重于生产环节不同，该项目强调了服务于产品全生命周期过程。该项目认为[48]，现在的市场正在变得更加复杂多变（T、Q、C 等更加苛刻），对高可定制产品的需求越来越多。企业特别是中小企业之间的价值链和协作越来越依项目而不同、以客户为中心以及柔性。制造厂商需要在设计和工艺规划阶段就考虑到产品全生命周期多方面的需求，高效地配置和重配置他们的制造过程，支持产品的定制化和变更，以快速适应变化的全球市场和可持续性需求。目标是通过云制造及上述基于知识的服务，实现资源消耗降低 40%，制造过程鲁棒性和精确性提高 30%，因减少循环迭代使生产效率提高 30%。

在美国，康奈尔大学机械工程与计算机科学技术学院的 Hod Lipson 教授在其《3D 打印：从想象到现实》（2013）一书中提出[49]，“由 3D 打印技术和新型设计技术推动的未来商业模式之一将是云制造”“3D 打印是云制造的催化剂”。他将云制造比作蚂蚁工厂，认为“云制造是一种取代大规模生产的新的生产方式，它像云计算一样，是一个分散式和大规模批量式并行的生产模式。大企业从几个经审查合格的小制造企业生产网络订购所需的部件和服务，这些小制造企业可以联手制造专门的部件”“云制造将成为一个由小型制造业企业组成的超大规模网络的分布式系统”。

佐治亚理工大学的 Dirk Schaefer 教授等在《Journal of Manufacturing Systems》中对云制造进行了综述[50]。他们认为，云制造是一种面向服务、以客户为中心、需求驱动的制造模型。如图 8 所示，文中提到了云制造的三方角色，分别是用户、应用提供者（对应本书的运营者）和物理资源提供者。在传统的制造系统中，供应商、资源 / 能力提供者是层级化绑定的，而在云制造中资源 / 能力服务是根据企业用户的需求甚至是具体项目的需求柔性组合的。如图 9 所示，文中提炼出了云制造的主题、关键词结构图，并从工业界和学术界的角度阐述了云制造的技术研究现状，重点包括自动控制、工业控制系统、设备级协作、服务组合、制造资源、柔性和敏捷性、商业模型以及体系架构等方面。

在国外，先后有美国、英国、新西兰等大学及研究机构开展云制造研究。2013 年至今业界著名的 ASME 制造科学与工程会议（MSEC）上，新西兰、瑞典、美国、英国、德国等学者组织“云制造进展研讨会”。

4.2 应用推进

在国外，欧盟第七框架的制造云项目最早开始了云制造的应用[51]。其选择的应用领域包括：光伏电池（PV）产业、有机发光二极管（OLED）产业、汽车制造产业。

（1）光伏产业

光伏产业是竞争相当充分的产业，近几年，标准的光伏产品价格下降得非常厉害。所以，该项目探索了通过制造云建立面向高可定制的光伏的制造系统，允许新的商业模式将产业内部的企业集成起来。目前，通过将温度和压力敏感的有机发光二极管和有机光伏集成进玻璃内，创造了集成的新型层压玻璃。

（2）有机照明产业

有机照明产业尚处于早期发展阶段，但是市场预测几年内将会有巨大的发展空间。由于其大面积散射、光色可调的属性，有机照明可产生相当多的应用以及众多定制化的解决方案。所以，该项目探索了通过制造云的基础设施来支持定制解决方案。

（3）汽车制造产业

与前两个战略性新兴产业相比，汽车产业可产生立即的影响。汽车产业传统的制造系统很难进行柔性化改造，增加新的功能的复杂度是指数级的，对制造的进度、成本、风险都有影响。所以，该项目探索了通过制造云在工厂层面快速改造生产系统、灵活增加新的功能，以适应需求的变化。

更多武器装备复杂系统科研生产领域的应用进展详见下一节。目前，全球有个叫 Manuclouds 的组织建立了专门的网站[52]，作为一个窗口，定期更新关于云制造研究和实践的最新进展，以带动关于云制造的研发和应用。

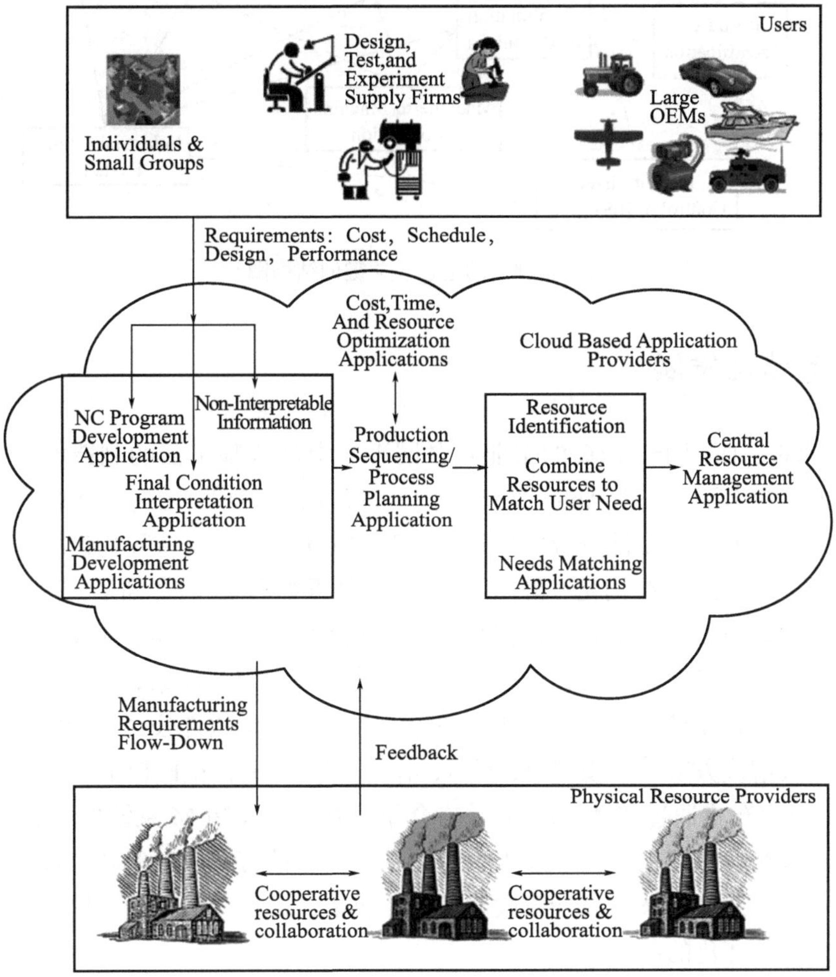

图 8　云制造的提供者和消费者模型[50]

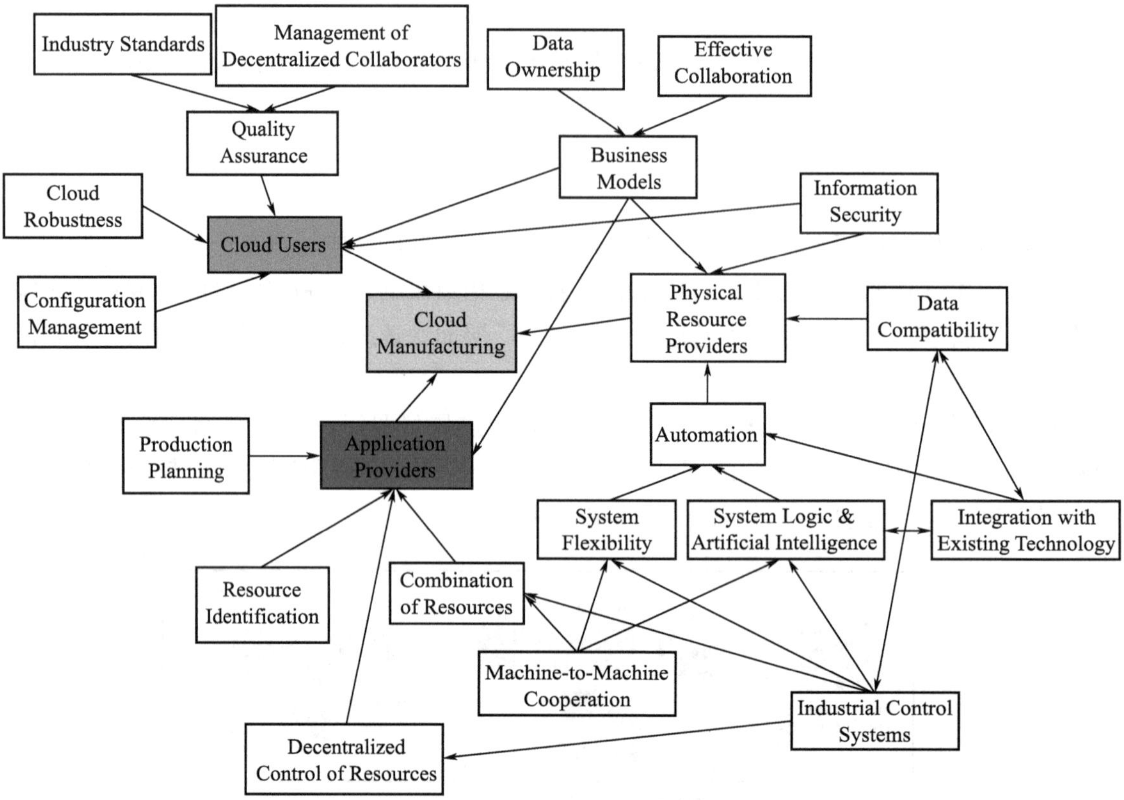

图 9　云制造的主题、关键词结构图[50]

4.3　产业起步与发展

在国外，GE、西门子、PTC 的工业互联网平台中都有基于云的制造的重要内容。以 PTC 为例，PTC 提出了“基于 App”“物联网 +”的解决方案[53]。在这个方案中，一个是涉及研发、制造、服务的软硬件资源的广泛接入和 IT/OT 互联（支持异构设备数据采集及控制），形成云端结构化 / 非结构化、静态 / 时序的大数据如图 10（a）所示；一个是基于云端的部署和调度实现应用快速构建，包括数据模型快速构建、应用界面快速创建、内置多项基础应用、应用快速发布部署等，支持端到端价值链工程应用体系，如图 10（b）所示。

除了平台厂商，软件厂商方面，业界领先的制造业管理软件公司 NetSuite 推出了基于云制造的下一代解决方案[54]。如图 11 所示，作为一家在基于云的 ERP 领域有多年经验的厂商，NetSuite 宣布将通过与 Autodesk 战略合作的方式将云 PLM 系统也纳入其 SaaS 服务中，以便制造业企业从开发设计、加工生产再到多渠道销售和服务等各个环节都能够全方位地使用云服务，从而能够在设计阶段降低整体成本，提高产品质量，同时还能更好地把握和适应客户快速变化的需求。

另外，美国的 MFG.com 网站目前已经发展成世界上最大的制造能力交易平台，致力于为全球制造业伙伴提供更加快捷高效的对接交易服务[55]。每天全球买家在 MFG.com 的有效询盘价值总额达两亿美元。如图 12 所示，通过将买家和供应商的信息按照行业特性（涉及模具加工、成型和制造，锻造，装配，冲压、成型、铸件等领域）进行标准化处理，MFG.com 能够帮买家快速找到最合适的优质供应商，让供应商有机会接触大量急需采购特定产品的买家。

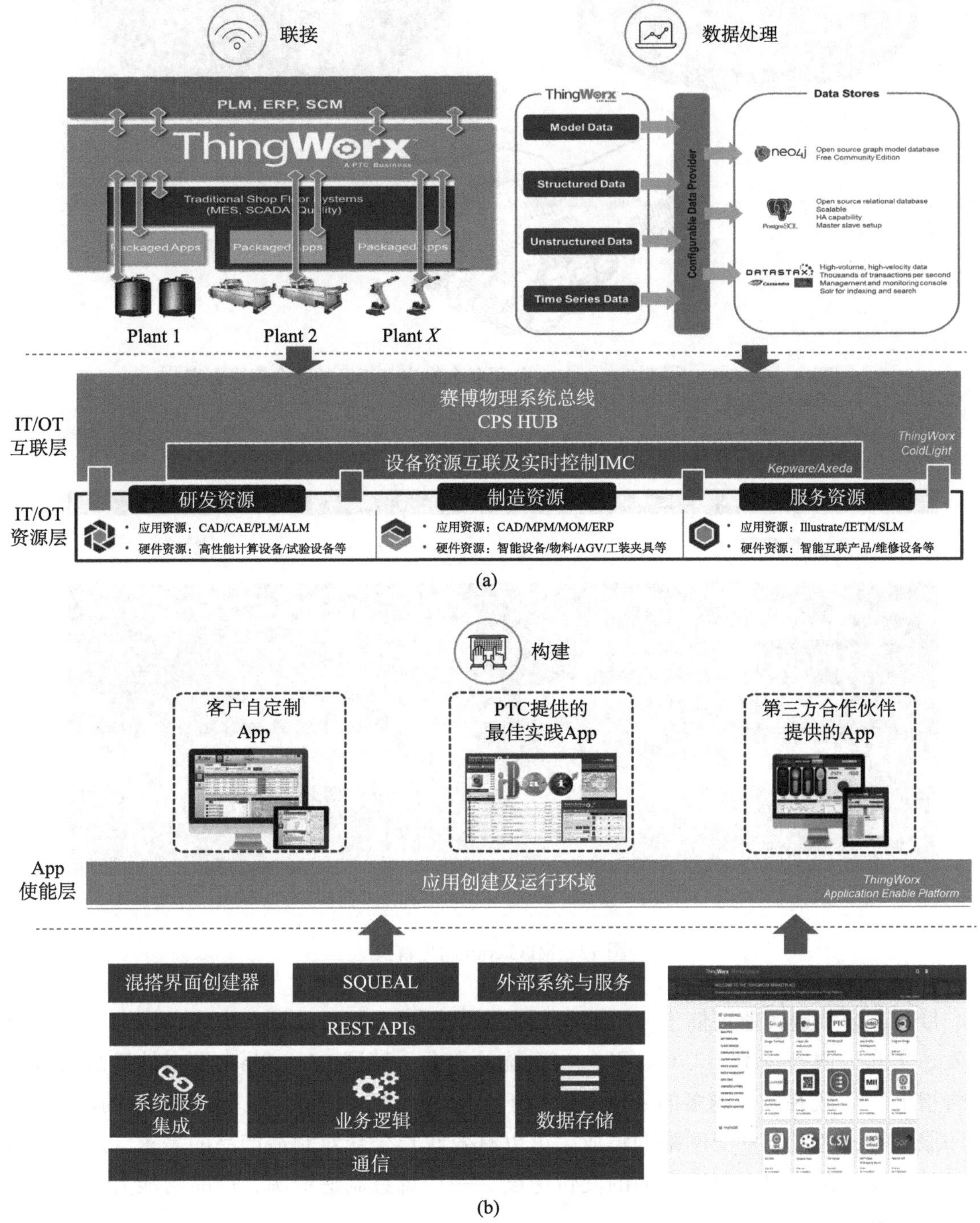

图 10 PTC 解决方案中的云制造理念[53]

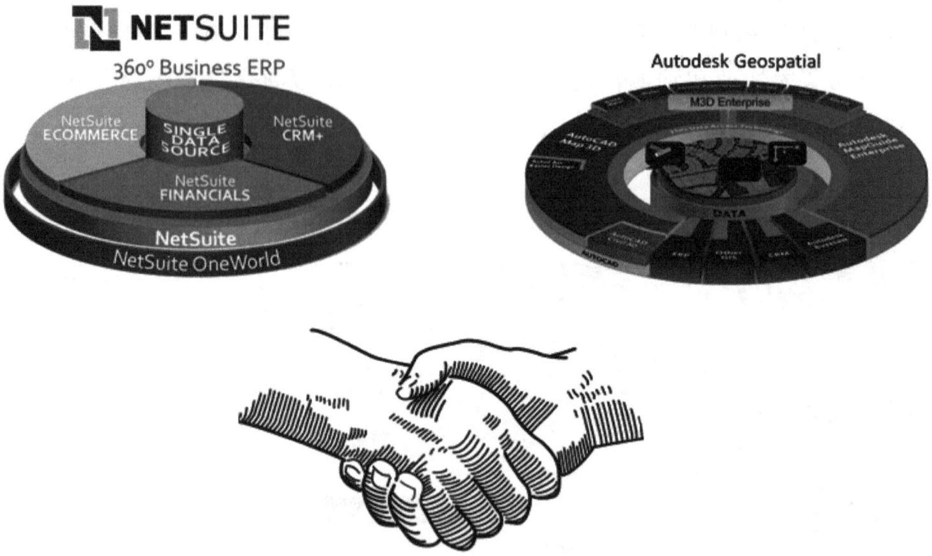

图 11　NetSuite 公司与 Autodesk 公司联合推出基于云的联合解决方案 [54]

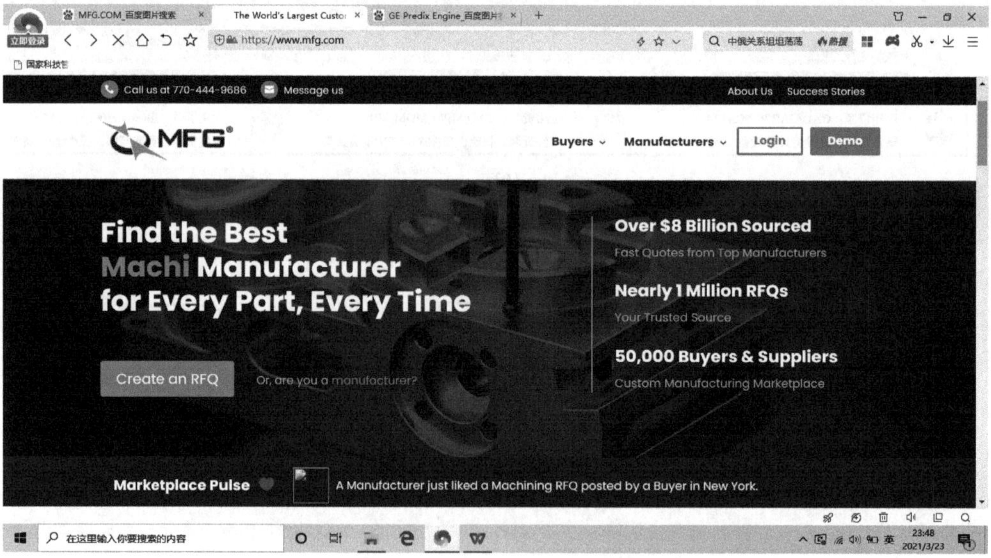

图 12　MFG.com 门户首页

目前，云制造产业正催生一批面向制造企业提供云服务的第三方专业服务商，以及开发、实施云服务技术、工具、平台与系统的企业。英国 DLA Piper 发布的云制造咨询报告指出 [56]，现在越来越多的公司提供基于云的制造相关服务，包括众包融资服务、3D 打印服务等，通过与社交网络的集成，可以有效收集公众对制造产品的需求，降低制造产品的研发风险，提高制造产品的交付速度。一个智慧制造资源、产品与能力的生态环境正在形成。

5　基于云的武器装备研制新模式

5.1　武器装备及武器装备研制的特点

武器装备是一类典型的复杂产品，具有客户需求复杂、系统组成复杂、产品技术复杂、制造过程复杂、试验维护复杂、项目管理复杂、工作环境复杂七个复杂的特点。以武器装备为代表的复杂产品研制具有鲜明的特征，包括按单设计，多品种、小批量、变批量；制造资源和制造能力需求庞大，产业链庞大（十多个骨干部厂所、全国各地数百家协作单位）；多学科交叉、多专业配套；跨地域协作、全生命周期高度协同等。

5.2　基于云的复杂装备设计

美国的 Local-Motors.com 网站是一个基于云模式的研发平台，致力于提供创新性的汽车个性化定制众包服务[57]。Local-Motors.com（见图 13）上活跃着上万名汽车研发设计的爱好者，与达索系统公司合作在线提供统一的云 CAX 数字化研发工具。在汽车研制过程中，采用众包的方式攻克设计难题、优选设计方案，由世界顶级的供应商提供高级别的经过质量认证的零配件，最后由顾客在本地自行进行汽车组装。迄今为止，该平台仅用 18 个月的时间就实现了第一款越野汽车从图样设计到上市；仅用不到 6 个月的时间就完成了某款军用战斗车辆从概念到原型的设计工作。

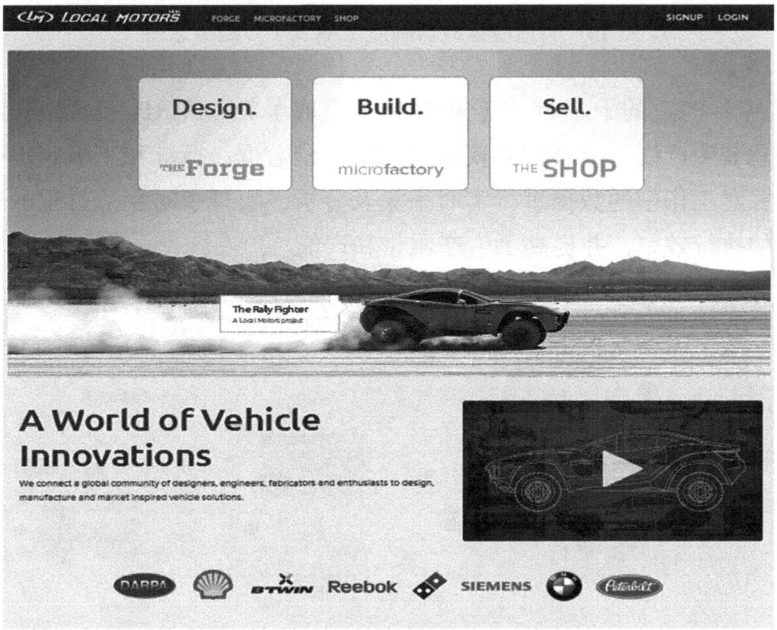

图 13　Local-Motors.com 门户首页

5.3　基于云的复杂装备生产

DARPA 提出自适应运载器制造（AVM）计划[58]，拟借鉴集成电路行业的方法，“重新发明制造业”，力争将防务装备研制周期从十年缩短到两年。如图 14 所示，该项目的重要组成部分是提供了基于云的工具服务、模型服务等，通过快速共享、重用和协同，实现可重构制造，最终达到周期缩短 80% 的目标。

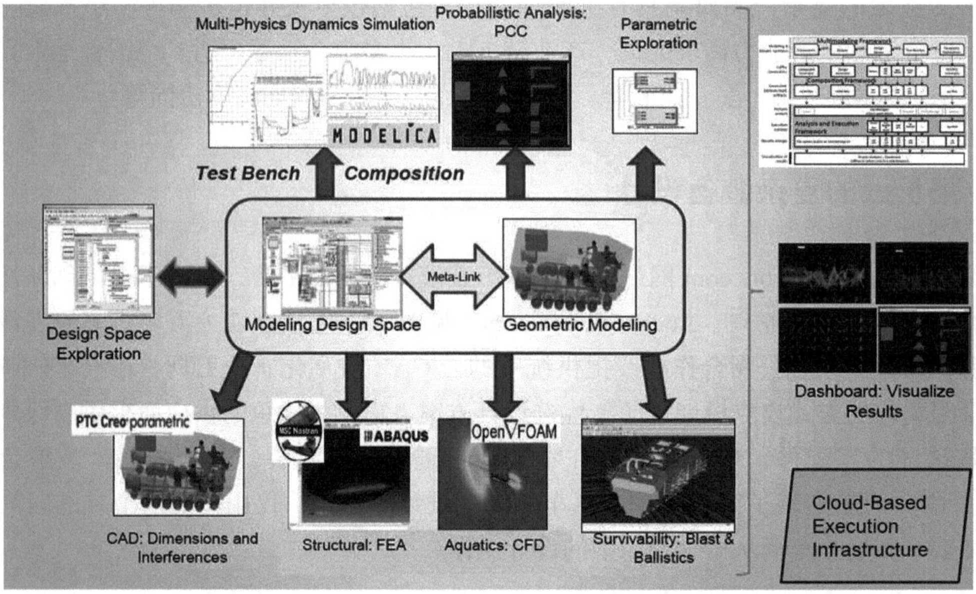

图 14　自适应运载器制造（AVM）计划概念图

空中客车基于 PTC 的云平台[53]（见图 15）集成了 PLM/ERP/MES、工人和工具，构建了智能互联总装生产线，能够按需获取和浏览三维数据、标准和工卡，提供工具操作方案快速建议，并对工作中的数据进行实时采集及分析，实现了对制造过程的良好控制，提高了装配工人的执行效率，并提高了生产质量和产能。

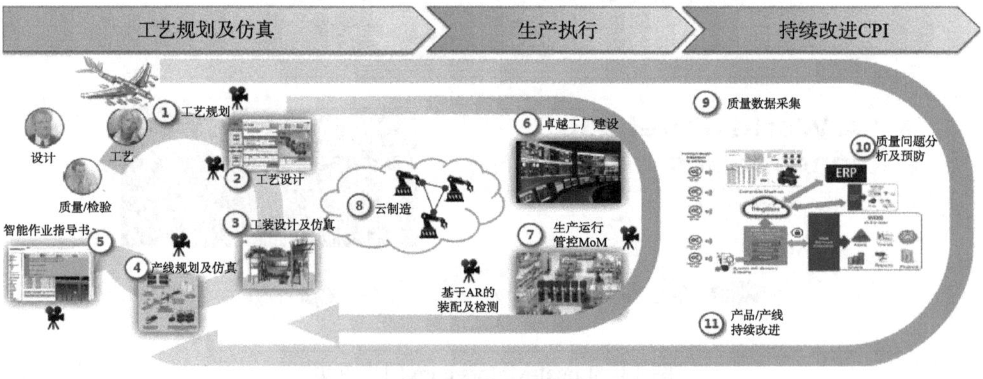

图 15　PTC 基于云的复杂装备生产示意图

5.4 基于云的复杂装备保障

GE 公司 [6] 通过基于云的保障对喷气式发动机的三个关键的旋转设备——涡轮风扇、压缩机、涡轮机进行重点的监测控制。如图 16 所示，GE 需要对数以万计喷气式发动机的旋转设备信息进行动态采集，考虑每天每架商用喷气式飞机起飞三架次，一年数千万架次的喷气式发动机工作数据将会通过云进行汇聚、管理和分析。通过改善后的预防性维护，延长了发动机寿命和减少了计划外的干扰，最终减少了燃料的使用以及航班的延误和取消，实现更有效的维护计划和零部件库存乃至飞行计划，有效优化了运营和资产管理。GE 通过基于云的复杂装备保障还服务了近海石油平台、风力发电厂以及组合循环汽轮机，托管的工业资产价值超过 100 亿美元。

图 16 GE 基于云的复杂装备保障示意图 [6]

6 对基于云制造的武器装备研制新模式的认识

云制造是在制造数字化、网络化、智能化基础上发展起来的新模式，对于武器装备研制的作用可以通俗概括为“两头（研发、集成）在内、中间在外、关键在手”。面向武器装备及武器装备研制，要在云制造系统中，1）实现基于数据的制造全系统、全生命周期信息互联互通，建设数据空间环境；2）实现基于模型开发产品、研制过程的虚拟样机，建造虚实融合数字化双胞胎；3）实现基于知识发展群体智能、人机混合智能、大数据智能，建立快速、创新的研发、制造和服务。

基于云制造的武器装备研制新模式示意图如图 17 所示。

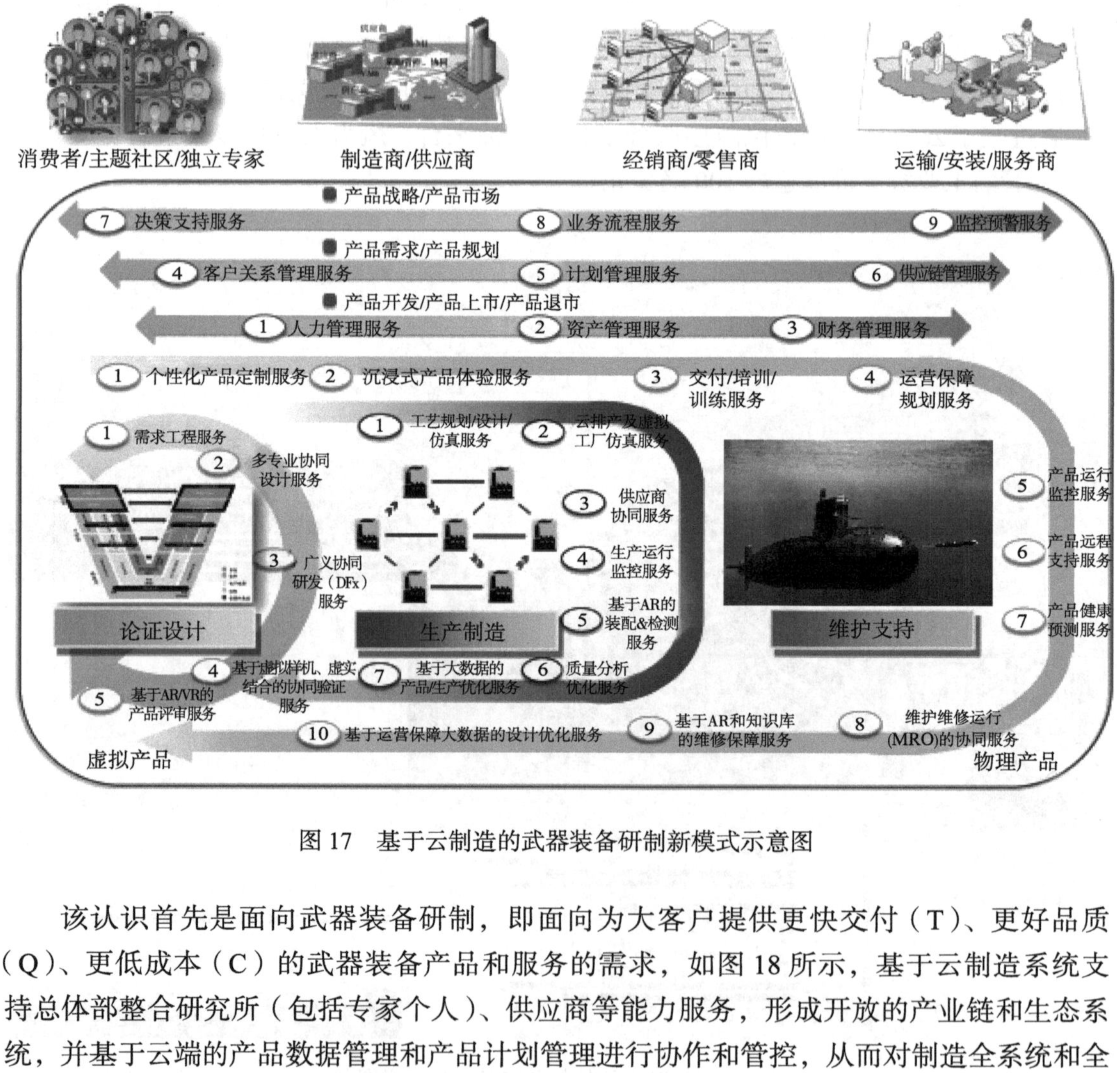

图 17　基于云制造的武器装备研制新模式示意图

该认识首先是面向武器装备研制，即面向为大客户提供更快交付（T）、更好品质（Q）、更低成本（C）的武器装备产品和服务的需求，如图 18 所示，基于云制造系统支持总体部整合研究所（包括专家个人）、供应商等能力服务，形成开放的产业链和生态系统，并基于云端的产品数据管理和产品计划管理进行协作和管控，从而对制造全系统和全生命周期的六要素、六流进行集成和优化。

该认识还包括面向武器装备本身，即考虑到未来的产品都将是智能互联产品，面向智能化的武器装备产品的运行、保障和优化的需求，如图 19 所示，基于云制造系统支持有效感知产品自身状态、运行环境及使用状况等，通过平行智能对产品的运行和保障进行分析和优化，甚至通过机器学习使产品具备认知和决策的能力，最终通过集成的嵌入式软件实现对产品的闭环控制。

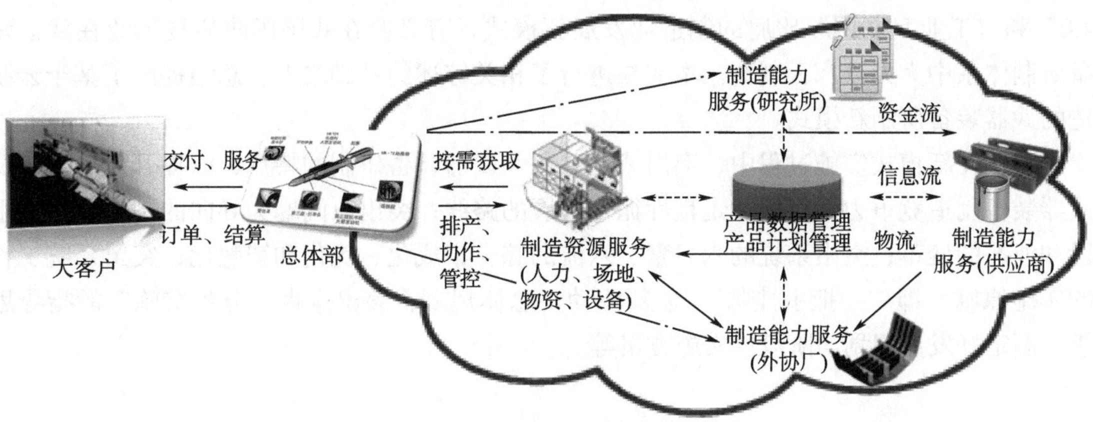

图 18　面向武器装备研制的云制造

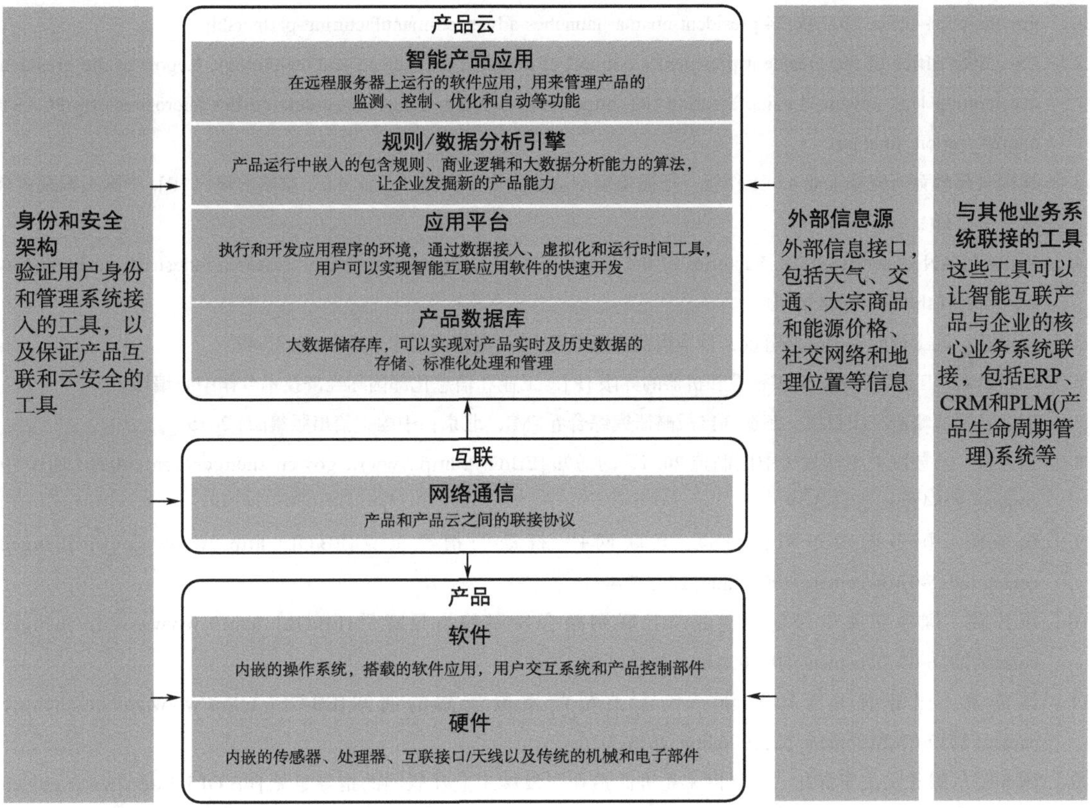

图 19　面向武器装备产品的云制造[59]

7　总结与建议

当前，制造业正面临全球新技术革命和产业变革的挑战，制造业信息化发展到了智慧制造应用阶段，云制造是其中的一种智造新模式、新手段和新业态。作为能够与“工业

4.0”和“工业互联网”比肩的制造业发展新模式，有必要在我国国防科技工业在武器装备研制体系中大力推广云制造。本文在进行了相关综述的基础之上，总结提出了基于云制造的武器装备研制新模式。

建议在新模式实施过程中，突出武器装备及武器装备研制的特点，以提升武器装备及武器装备制造竞争力为目标，走良性循环发展的路线；突出以问题为导向的制造模式、手段和业态的变革；突出系统的六要素、六流的综合集成化、优化和智慧化；突出系统工程的实施原则，即“一把手挂帅”“创新驱动，总体规划，突出重点，分步实施”的指导思想，制定好发展规划与阶段性实施方案等。

参 考 文 献

[1] The White House. President obama launches advanced manufacturing partner- ship [N/OL]. https://www.whitehouse.gov/the-press-office/2011/06/24/president-obama- launches-advanced-manufacturing-partnership.

[2] Executive office of the president president's council of advisors on science and technology. Report to the president accelerating U.S. advanced manufacturing [R]. https://www.whitehouse.gov/sites/default/files/microsites/ostp/PCAST/amp20_ report_final.pdf.

[3] 德国联邦教育研究部工业 4.0 工作组．把握德国制造业的未来实施“工业 4.0”攻略的建议 [R]. 中国工程院咨询服务中心译．

[4] EUROPEAN COMMISSION. Factories of the future [EB/OL]. http://ec.europa.eu/ research/industrial _technologies/factories-of-the-future_en.html.

[5] 赵淑钰．人工智能各国战略解读：日本机器人新战略 [J]．电信网技术 , 2017 (2): 45-47.

[6] GE 公司．工业互联网：突破智慧和机器的界限 [R]．工业和信息化部国际经济技术合作中心编译．

[7] 制造强国战略研究项目组．制造强国战略研究综合卷 [M]．北京：中国工信出版集团, 2015.

[8] 国务院．国务院关于印发《中国制造 2025》的通知 [EB/OL]. http://www. gov.cn/zhengce/content/2015-05/19/content_9784.htm, 2015-5-19.

[9] 国务院．国务院关于积极推进“互联网+”行动的指导意见 [EB/OL]. http://www. gov.cn/zhengce/content/2015-07/04/content_10002.htm, 2015-7-4.

[10] 国务院．国务院关于深化制造业与互联网融合发展的指导意见 [EB/OL]. http:// www.gov.cn/zhengce/content/2016-05/20/content_5075099.htm, 2015-5-20.

[11] 国务院．国务院关于印发新一代人工智能发展规划的通知 [EB/OL]. http://www.gov.cn/zhengce/content/2017-07/20/content_5211996.htm, 2017-7-20.

[12] 国务院．国务院关于深化“互联网+先进制造业”发展工业互联网的指导意见 [EB/OL]. http://www.gov.cn/zhengce/content/2017-11/27/content_5242582.htm, 2017-11-27.

[13] 张霖，罗永亮，范文慧，等．云制造及相关先进制造模式分析 [J]．计算机集成制造系统，2011, 17(3):458-468.

[14] 施普尔，克劳舍．虚拟产品开发技术 [M]．宁汝新，译．北京：机械工业出版社，2000.

[15] 叶佩青，张勇，张辉．数控技术发展状况及策略综述 [J]．机械工程学报，2015, 51(21):113-120.

[16] 张志超，程丹梅．ERP 的应用现状及存在问题分析 [J]．自动化博览, 2005(4) : 83-85.

[17] 吴伟仁．军工制造业数字化 [M]．北京：原子能出版社 , 2005.

[18] REHG J A, KRACBBER H W. Computer Integrated Manufacturing[M]. New Jersey : Prentice Hall, 2005.

[19] 蒋贵川，杨建华，吴澄. 先进制造关键技术：敏捷制造、并行工程与供应链 [J]. 中国机械工程，12(6) : 637-642.

[20] HORNG T C. Comparative analysis of supply chain management practices by boeing and airbus: Long-term strategic implications[D]. Massachusetts: massachusetts institute of technology, 2007.

[21] SAUNDERS D, GODDARD M, THOMSON K. Simulation based acquisition[J]. Program Manager, 2000, 112(4):347-354(8).

[22] 李伯虎，张霖，王时龙，等. 云制造：面向服务的网络化制造新模式 [J]. 计算机集成制造系统 , 2010, 16(1) : 1-7, 16.

[23] 李伯虎，张霖，任磊，等. 再论云制造 [J]. 计算机集成制造系统，2011, 17(3) : 449-457.

[24] 李伯虎，张霖，任磊，等. 云制造典型特征、关键技术与应用 [J]. 计算机集成制造系统，2012, 18(7) : 1345-1356.

[25] 李伯虎，张霖. 云制造 [M]. 北京：清华大学出版社 , 2015.

[26] ARMBRUST M, FOX A, GRIFFITH R, et al. A view of cloud computing [J]. Communications of the ACM, 2010, 53(4) : 50-58.

[27] VELTE T, VELTE A, ELSENPETER R. Cloud computing, a practical approach[M]. New York : McGraw-Hill, Inc., 2010.

[28] 王志良. 物联网现在与未来 [M]. 北京：机械工业出版社 , 2010.

[29] MARWEDEL P. Embedded system design: Embedded systems foundations of cyber-physical systems[M]. Berlin : Springer-Verlag, 2011.

[30] RUSSELL S J, NORVIG P, CANNY J F, et al. Articial intelligence: A modern approach[M] 2nd ed. New Jersey : Prentice Hall, 2002.

[31] MIN G, LI K, YANG L T. Special issue: advances in high - performance computing and communications[J]. Concurrency and Computation: Practice and Experience, 2010, 22(4) : 395-397.

[32] 界面.【深度】探秘西门子工厂最接近“工业4.0”的企业在做什么? [N/OL]. http://www.jiemian.com/article/637330.html

[33] MELL P M, GRANCE T. SP 800-145. The NIST definition of cloud computing[M]. National Institute of Standards & Technology, 2011.

[34] BO HU LI, XUDONG CHAI, LIN ZHANG, et al. Smart cloud manufacturing (cloud manufacturing 2.0) – a kind of paradigm and approach of smart manufacturing in internet era[C]. Proc. of the 2015 International Intelligent Manufacturing Conference. 2015, Beijing, China.

[35] 李伯虎，等. 智慧制造云 [M]. 北京：化学工业出版社，2020.

[36] BO HU LI, et al, Research and applications on cloud manufacturing in china, Cloud-based design and manufacturing (CBDM)[M]. Springer, London, UK, 2014.

[37] KUMAR A, SHANKAR R, CHOUDHARY A, et al. A big data MapReduce framework for fault diagnosis in cloud-based manufacturing[J]. International journal of production research, 2016, DOI: 10.1080/00207543.2016.1153166.

[38] BABICEANU R F, SEKER R. Big data and virtualization for manufacturing cyber-physical systems: A survey of the current status and future outlook[J]. Computers in Industry, 2016, 81: 128-137.

[39] OLENA SKARLAT. Elastic manufacturing process landscapes[C]. C. Hochreiner, S. Schulte (Eds.): 8th ZEUS Workshop, ZEUS 2016, Vienna, Austria, 27-28 January 2016, Proceedings – published at http://ceur-ws.org/Vol-1562.

[40] LEHMHUS D, WUEST T, WELLSANDT S, et al. Cloud-based automated design and additive manufacturing: A usage data-enabled paradigm shift[J]. Sensors, 2015, 15(12): 32079-32122.

[41] OSTASEVICIUS V, JURENAS V, MARKEVICIUS V, et al. Self-powering wireless devices for cloud manufacturing applications[J]. The International Journal of Advanced Manufacturing Technology, 2015, DOI: 10.1007/s00170-015-7617-x.

[42] WU D, ROSEN D W, SCHAEFER D. Scalability planning for cloud-based manufacturing systems[J]. Journal of manufacturing science and engineering, transactions of the ASME. 2015, DOI: 10.1115/1.4030266.

[43] TAPOGLOU N, MEHNEN J, VLACHOU A, et al. Cloud-based platform for optimal machining parameter selection based on function blocks and real-time monitoring[J]. Journal of manufacturing science and engineering, transactions of the ASME, 2015, DOI: 10.1115/1.4029806.

[44] ARGONETO P, RENNA P. Supporting capacity sharing in the cloud manufacturing environment based on game theory and fuzzy logic[J]. Enterprise information systems, 2014: 1-18.

[45] VALILAI O F, HOUSHMAND M. Depicting additive manufacturing from a global perspective; using cloud manufacturing paradigm for integration and collaboration[J]. Proceedings of the Institution of Mechanical Engineers, Part B: Journal of Engineering Manufacture, 2014: 0954405414546706

[46] LARTIGAU J, XU X, ZHAN D. Artificial bee colony optimized scheduling framework based on resource service availability in cloud manufacturing. Service Sciences (ICSS), 2014 International Conference on. IEEE, 2014: 181-186.

[47] RAUSCHECKER U, STOCK D, STÖHR M, et al. Connecting factories and related IT environments to manufacturing clouds[J]. International journal of manufacturing research, 2014, 9(4):389.

[48] TAPOGLOU N, MEHNEN J. A framework for cloud manufacturing enabled optimisation for machining[M]// Advances in production management systems: Innovative production management towards sustainable growth. Springer international publishing, 2015:363-370.

[49] 利普森，库曼 . 3D 打印：从想象到现实 [M]．北京：中信出版社，2013.

[50] WU D, GREER M J, ROSEN D W, et al. Cloud manufacturing: Strategic vision and state-of-the-art[J]. Journal of manufacturing systems, 2013, 32(4):564-579.

[51] ManuCloud Project Team. Project overview - the manucloud project [EB/OL]. http://www.manucloud-project.eu/index.php?id=212

[52] Manuclouds. INDUSTRY 4.0 | SMART MANUFACTURING BLOG [EB/OL]. http:// www.i4sm.org/machine-learning-drives-future-industry/

[53] PTC 中国．智造新主线，两化新模式以“物联网 + 应用平台”为核心，重塑智能制造体系 [R]．北京：中国航天科工集团有限公司，2017.

[54] The Manila Times. Autodesk, Netsuite in cloud partnership for manufacturing [N/OL]. http://www.manilatimes.net/autodesk- netsuite-in-cloud-partnership-for-manufacturing/6119/

[55] WIKIPEDIA. MFG.com[EB/OL]. https://en.wikipedia.org/wiki/MFG.com

[56] DLA PIPER. Cloud manufacturing: using the cloud to make more than hot air[EB/OL]. www.dlapiper.com

[57] WIKIPEDIA. Local_Motors [EB/OL]. https://en.wikipedia.org/wiki/Local_Motors

[58] JARED SERBU. DARPA aims to cut time to develop weapons by 80 percent[N/OL]. https://federalnewsradio.com/federal-drive/2011/12/darpa-aims-to-cut-time-to-develop-weapons-by-80-percent/

[59] 哈佛商业评论．哈佛教授迈克尔 · 波特：物联网时代企业竞争战略分析 [J]．金卡工程，2016(4):10-12.

美军体系化武器装备试验鉴定能力建设问题研究

杨俊岭

军事科学院军事科学信息研究中心

摘　要　本文主要对美军体系化装备试验鉴定的背景和发展现状进行了分析，研究了美军针对体系化装备的特点和要求，梳理了美军建设试验环境、制定方法规程、创新试验模式、发展基础技术等措施，发展体系化武器装备试验鉴定能力的现状。最后，结合美军建设体系化装备试验鉴定能力的主要做法与经验，提出几点启示。

关键词　武器装备体系；试验鉴定；美军；鉴定程序方法；鉴定体系结构

1　引言

武器装备体系，美军也称系统之系统（System of Systems，SoS）或系统族（Family of Systems，FoS），是武器装备从机械化迈向信息化过程中所出现的新形态，是武器装备在高度机械化的基础上，通过数字化、系统集成及网络化等高新技术改造，整体结构与功能实现一体化的结果。

从表现上看，武器装备体系是为完成一定的任务使命，由若干个互相联系的武器系统构成的有机整体；体系化的装备则是构成这一有机整体中的各个组成要素，在体系内，各要素从功能上又可分为进攻性、防御性与支援性体系化装备，各组成要素协同运行，在功能上相互补充，在任务上相互支持，为整个装备体系发挥总体作战效果提供保障。

从历史上看，装备体系概念早已有之。但在早期，装备之间不具备互联、互通与互操作性，单系统、单装备的运用是武器在作战中发挥作用的主要方式，体系化发展并不是装备发展的必然要求。随着信息技术与作战样式的快速发展，一方面，装备的信息化程度日新月异，使得不同功能、不同任务的多系统联合成为可能；另一方面，现代高技术条件下的局部战争已是一体化的联合作战，装备的体系对抗成为主宰战场胜负的关键。因此，武器装备信息化的发展以及现代战争样式的改变，促使装备的体系化发展与建设成为必然趋势。

1.1　体系化装备对传统武器装备试验鉴定的挑战

装备的体系化发展对传统武器装备试验鉴定带来新的挑战。第一，在试验方式上，体系化的装备具有天生联合性，一经部署，就成为系统之系统中的一员，使得传统的在单一条件下对单一装备性能进行试验的方式，无法满足对体系化装备作战效能进行全面考核的要求。第二，在试验手段上，体系化的装备在试验过程中需要与体系中的其他装备进行互联互通，完全采用实装试验的手段在成本和可行性上存在难以逾越的客观障碍。第三，在试验靶场上，某个装备体系往往由不同功能、不同类型甚至不同军种的体系化装备构成，而试验靶场一般按任务类型建设，单一靶场难以满足所有类型装备的需求。第四，在试验程序上，体系化装备的试验鉴定涉及系统多、单位多、人员多，给试验的组织指挥和程序步骤带来特殊要求。第五，在试验风险上，体系化装备构成复杂，试验风险高，如果按照传统试验类型的进度，完全分别进行研制试验和作战试验，必然会使得试验周期延长，增加试验成本，甚至有可能造成重复试验。

1.2 美军体系化装备试验鉴定整体情况

美军武器装备研制水平一直走在世界前列，其试验鉴定能力也随着装备的发展以及作战样式的改变而不断提升。在体系化装备的试验鉴定方面，虽然美军目前尚没有专门的政策法规或条令条例对其进行界定和阐述，但自 21 世纪以来，美军针对体系化装备的特点，以及其试验鉴定的特殊要求，通过试验鉴定模式创新、试验靶场条件建设、试验程序规程改进以及试验鉴定技术发展，已采取了多项措施，不断提升其体系化装备试验鉴定综合能力，以满足军事战略转移、作战样式变革以及装备技术进步对试验鉴定所提出的新要求。

2 美军开展体系化装备试验鉴定现状分析

体系化装备是构成装备体系的基本要素，除了要进行单一系统、单一环境下的试验鉴定外，还需要在逼真的联合作战任务环境下，与其体系内的其他装备进行互联互通，全面检验被试装备对整个体系作战效能的贡献与支持。

目前，针对体系化装备的新特点，美军主要采取以下方法和手段开展体系化装备的试验鉴定：一是建设分布式试验环境，实现不同类型、不同地理位置的多靶场之间的互联互通，为联合任务环境试验提供永久性试验基础设施；二是配套发展体系化装备试验鉴定程序与规程，即“能力试验方法”，指导试验工作的具体开展；三是推进“真实、虚拟、结构的”（Live、Virtual、Constructive，LVC）试验鉴定体系结构发展，为体系化装备试验鉴定提供体系技术支撑；四是大力开展研制试验与作战试验的一体化试验鉴定，充分共享试验数据，降低试验成本，提高体系化装备的试验效率；五是加强互操作性试验，确保体系化装备的互联、互通与互操作。

通过上述措施，美军一方面有效推进了装备体系化发展进程，保证了满足需求的装备投入战场使用，另一方面也全面拉动了武器装备试验鉴定综合能力的提升，促进了武器装备试验条件、试验技术、试验模式与试验理论的创新发展。

2.1 建设体系化装备试验鉴定基础设施

现代高技术局部战争是一体化联合作战，是武器装备体系与体系的对抗。为解决联合作战中各军种系统不兼容的问题，美国国防部改革了武器系统立项、研发和试验的过程，并于 2003 年颁布了新的需求生成系统——联合能力集成与开发系统（JCIDS），以弥补各军种在执行联合任务方面的能力差距，从武器装备发展的源头，提出装备体系化发展的要求。这样一来，在新系统的研制过程中就必须对其执行联合作战任务的能力，即这一装备对整个装备体系作战效能的贡献进行检验。为此，美国国防部在《转型规划指南》《战略规划指南》中均提出“像作战一样试验”的要求，即在联合作战背景下开展逼真的试验鉴定。但是这一要求面临两个问题，一是不能为某个装备将整个装备体系搬到靶场上进行试验，二是不同试验环境难以在一个靶场上构建。因此，美军提出建立能够有效集成各种体系要素的 LVC 分布式试验环境，为体系化装备的试验提供基础设施。

美军提出的分布式试验鉴定是一种将多种 LVC 试验站点与能力连接在一起，在一个分布式的环境中对体系化装备（或系统之系统）进行试验的方法，是一种在 LVC 分布式环境（LVC-DE）下进行的试验。分布式试验鉴定的实施能够节省采办和试验鉴定项目的经费和时间，降低风险，尤其是能够对网络化、信息化、体系化的武器装备在联合任务环境下的作战效能和作战适用性进行全面和真实的检验。

（1）制定联合任务环境试验路线图，指导体系化装备试验鉴定发展

美国国防部于 2004 年 11 月 12 日发布了“联合环境下的试验路线图”。该路线图要求国防部“在战场实验室、半实物仿真、试验设施和真实设备之间建立稳固的连接，并利用这种稳固的连接实现 LVC 联合任务环境，进行联合实验、研制、试验与训练”。也就是说“路线图”明确提出了两方面的倡议，一是要求在国防部范围内建立一个分布式的试验基础结构，二是在联合任务环境中对武器系统或体系化装备进行试验。此外，美国国防部于 2008 年 12 月 8 日发布了 5000.2 号指示《国防采办系统的运行》，在指示的第六部分“一体化试验与鉴定”中，除了对美军武器系统的试验与鉴定工作进行了详细规定以外，还对美军现有和以往的体系化装备（或各采办计划）必须完成的互操作性试验，以及在联合作战环境中开展分布式试验鉴定的必要性做出了明确指示和要求，这些规定对于促进各采办机构积极配合完成分布式试验鉴定基础设施建设，并及时利用分布式试验鉴定基础设施检验武器系统互操作性，完成分布式试验鉴定工作等，都起到了积极的推动作用。

（2）建设分布式试验基础设施，提供永久性体系化装备试验能力

“路线图”对进行分布式试验鉴定提出的两方面倡议，使得分布式试验鉴定基础设施建设的核心计划，即“联合任务环境试验能力”（JMETC）计划，于“路线图”发布一年之后成功建立起来。国防部 5000.2 号指示对于武器系统必须进行互操作性鉴定，以及执行分布式试验鉴定的要求，保证了分布式试验鉴定基础设施能够在后续的建设工作中得到

快速发展。

2005 年 12 月，美国国防部指定由负责采办、技术与后勤的国防部副部长负责开展分布式试验鉴定基础设施建设的核心工作，即正式建立 JMETC 计划，而计划的具体执行过程则由国防部试验资源管理中心（TRMC）主任负责。2006 年 10 月，JMETC 的“计划管理办公室”在试验资源管理中心正式成立，并于 2007 年进行了首次分布式试验鉴定活动，参试机构为所有军种和联合部队司令部（JFCOM）。此后，美军分布式试验鉴定基础设施建设进入快速发展时期。目前，JMETC 作为一项国防部计划，已经连接了大量靶场和试验设施，还能够与训练机构的网络实现互联，而且其网络连接的规模仍处于不断发展扩大的过程之中。

2.2 发展体系化装备试验鉴定程序方法

美国国防部的“联合环境下的试验路线图”中明确指出，各军种要实现在联合任务环境下的分布式试验鉴定能力，全面评估武器装备、武器装备体系效能或在预期的联合作战环境中的能力，需要在政策、程序、试验基础设施方面做相应调整和变化。由各军种实施的传统试验，重点在于检验作战需求文件里规定的系统性能，几乎都没有将新系统作为装备体系中的组成要素（即体系化装备）进行试验的经验，对于采用什么样的程序和方法构建联合任务环境，并对体系化装备进行试验，如何对效能进行评定都没有一个明确的共识。为解决这些问题，美国国防部作战试验鉴定局于 2006 年 2 月启动了“联合试验鉴定方法”（JTEM）研究，发展体系化装备的分布式试验鉴定方法与程序，即“能力试验方法”（CTM），为联合任务环境下全面推行体系化装备的分布式试验鉴定提供程序上的指导。

（1）“能力试验方法”的主要目标是为体系化装备试验鉴定提供规范化程序

JTEM 项目由作战试验鉴定局负责空战的副局长直接管理，作战试验鉴定局作为牵头机构和执行代理，美国陆、海、空三军和海军陆战队及联合司令部均参与其中。

JTEM 项目旨在开发一套方法和程序，用于定义并使用 LVC 分布式环境来鉴定系统（或系统之系统）性能及联合任务效能。项目设定的主要目标有 4 个：一是开发一套“能力试验方法”（CTM）指南；二是发布三个适用于试验和采办组织的 CTM 用户手册；三是为采办指令和指示提出修改建议，补充或修订国防采办大学的试验鉴定管理指南；四是发现现有方法与程序方面存在的问题。JTEM 项目已于 2009 年 4 月完成，交付了 CTM3.0 版，并发布了三个 CTM 用户手册。随后，作战试验鉴定局又于 2009 年 5 月在 JT & E 计划下启动了 JTEM- 迁移（JTEM-T）项目，目的是将 JTEM 项目开发的方法与程序集成到各军种部和国防部业务局试验组织中，并以作战试验机构为开端，推动 CTM 方法与程序在体系化装备试验鉴定中的应用。这是使分布式试验鉴定方法与程序制度化的一个重要举措。JTEM 项目虽然已经完成，但其开发的 CTM 仍将继续完善和更新。随着 CTM 的逐步推广，美国国防采办法规及装备试验鉴定程序都将做出相应的调整和修订，最终使国防采办系统的研制和试验能力得以显著提升。

（2）“能力试验方法”可为多类型试验提供指导

CTM3.0 作为 JTEM 项目的主要成果，成为开展分布式体系化装备试验鉴定的方法指南。需要强调的是，路线图不是要在现有试验类型（如研制试验、作战试验、实弹射击试验）的基础上再增加一类独立的试验或试验阶段。CTM 提供了大量工具来支持能力试验，帮助用户建立复杂试验环境、确定试验指标需求、设计试验事件、明确鉴定要求。各类试验可根据需要对 CTM 所提供的方法和程序进行调整和选择，融入自身的试验活动中。CTM 的应用范围很广，被试对象可以是单个采办系统、体系化装备、系统之系统或非装备解决方案，CTM 的程序和产品适用于所有采办系统的试验鉴定，包括研制试验鉴定、作战试验鉴定和后续试验鉴定，也可用于其他试验，如联合试验等。

（3）“能力试验方法”的主要步骤

根据 CTM 指南，“能力试验方法”可按照 6 个步骤、24 个程序来规划和实施，6 个步骤包括：制定试验鉴定策略，描述试验，规划试验，实现 LVC-DE，管理试验的执行，能力鉴定。这种分步骤的连续性描述只是实际过程的一种简化，实际上，大多数程序是反复迭代的，许多程序并行执行，输出的结果再反馈到其他程序中进行迭代执行。这六个步骤中，第一步和第六步关注的是较高层次、较综合的能力领域，面向的是整个装备体系的联合能力；第二步和第三步解决的是联合能力的子集问题；第四步和第五步关注的是具体的试验事件。CTM 用户手册对如何采用“能力试验方法”进行试验的规划、设计、管理和实施给出了详细的指导，以规范各阶段任务的实施，使“能力试验方法”能有效运用到试验鉴定中去，为试验鉴定人员改进现行试验鉴定程序提供参考。

2.3 制定体系化装备试验鉴定体系结构

基于体系结构进行系统开发，是武器装备，尤其是体系化装备总体设计的基本规范和要求。如果没有一个整体的体系结构作为顶层设计指导，单个系统的开发将变成一个同整个领域内其他系统不兼容或与总体发展目标和战略不协调的、孤立的“点方案”，其结果就是各系统“烟囱式”发展，相互独立，重复建设，重复利用率低，这与现代化武器装备的发展是不相适应的。

（1）采用分布式体系结构作为体系化装备试验的核心支撑

试验靶场的发展也面临着体系发展建设的问题。如何充分利用各靶场已有资源，打破各靶场单独运行的传统模式，同时又不是多个靶场的简单叠加，而是有机整合各种试验能力，是构建满足联合任务需求以及体系化装备试验需求分布式试验环境的主要任务，如果没有一个规范而标准的体系结构作为基础和指导，这一任务将难以完成。美军在发展体系化装备试验能力的初期，就将分布式体系结构的构建作为首要工作。经过二十余年的发展，主要使用的分布式体系结构有以下 4 种：分布式交互仿真（DIS）、高层体系结构（HLA）、通用训练仪器结构（CTIA）和试验与训练使能结构（TENA）。分布式试验体系结构的发展得益于建模与仿真的发展，实际上上述 4 种结构，前 3 种直接来自建模与仿真技术，TENA 以 HLA 为基础发展而来，是专门用于试验鉴定与训练领域的体系结构。

（2）各体系结构发展情况

以国防高级研究计划局（DARPA）的仿真网络（SIMNET）计划为代表，美军在 20 世纪 80 年代中期开始发展建模仿真的军事应用。SIMNET 计划推动了聚合级仿真协议（ALSP）和 DIS 的发展与成熟，ALSP 将分布式仿真的优势扩展到部队级训练领域，使得不同种类的聚合级仿真能够相互合作，为作战训练模拟出战场级的演习训练环境。同时，DIS 大大增加了分布式仿真活动中交互仿真类型的数量。但是，ALSP 与 DIS 仍主要聚焦于平台级的训练仿真领域。到了 20 世纪 90 年代中期，美国国防部建模仿真办公室致力于将 DIS 与 ALSP 的优劣势进行互补，进而发展了 HLA 结构，在继续支持训练应用的同时，也对武器装备分析与采办提供了支持。从一开始，HLA 就被定位于要广泛支持各种建模仿真应用，因此在通用性上获得了较为理想的效果。但是，也正因为 HLA 优先考虑通用性，导致专用性相对较弱，由此获得“样样皆通，样样稀松”（Jack of all trades, but master of none）的负面评价。尤其是 HLA 在仿真实时性与真实性上的限制，促使试验鉴定界开始研究与发展更适合试验鉴定需求的体系结构，即基于 HLA 的 TENA，为试验鉴定提供低延时、高性能的应用与支持。另一方面，为了连接大量真实资源，提供更符合训练靶场要求的事后分析数据，美陆军发展了 CTIA 体系结构，为大规模的训练、演习提供支持，但在试验鉴定领域，CTIA 应用较少。

（3）各体系结构的对比

目前，除了 SIMNET 以外，DIS、HLA、CTIA 和 TENA 等体系结构仍在不同领域内使用。虽然在各自领域内的体系结构性能表现良好，但由于各种体系结构并不天生相互兼容，因此不同体系结构之间的通信需要进行额外的操作步骤，例如增加网关和网桥。这给跨体系结构的应用带来了额外的风险、复杂性、成本、工作量和准备时间，甚至某些模型无法在不同的体系结构中互用，其重复使用性受到很大限制。此外由于许多 LVC 系统是在不同体系结构下开发的，连接这些系统也必然涉及跨体系结构的问题，虽然跨体系应用已得到一定程度解决，但仍面临诸多限制，这也是分布式仿真领域需要进一步完善的地方。在功能和性能上，DIS、HLA、CTIA 和 TENA 各有长短，也有异同，没有哪一种结构具有明显的优势，使其能够在各个领域内都表现优异。但在体系化装备分布式试验领域，TENA 结构是主流。

2.4 推行高效率的一体化试验鉴定模式

美军武器装备试验鉴定主要分为研制试验鉴定和作战试验鉴定两类，研制试验鉴定主要考核武器装备的技术性能，鉴定武器装备是否达到设计指标；作战试验鉴定则考核武器装备的作战使用性能，包括作战效能、作战适用性和生存能力，鉴定武器装备在真实战场环境下的作战能力。从采办阶段看，研制试验鉴定主要在方案论证和样机制造阶段开展，作战试验鉴定则主要在小批量试生产和大批量生产阶段开展。两类试验由不同的主管和实施部门分别监管和实施。

这种试验类型的划分能够在很大程度上保证对武器装备性能进行真实、严格和准确的检验。但对于体系化装备而言，如果完全按照这种试验类型分别开展串行的试验活动，有可能增加研发成本，延长研制周期，并可能使某些试验项目重复进行。美军提出的一体化试验鉴定模式，推动研制试验鉴定与作战试验鉴定的有机结合：在研制试验过程中尽可能考虑后续的作战试验活动所需的真实作战环境；同时，作战试验鉴定应尽可能地使用研制试验鉴定中所获得的数据和信息。体系化装备试验涉及的被试系统多，试验内容丰富，试验程序复杂，相比单件装备的试验，成本高，进度紧，风险大。加强体系化装备两种试验鉴定类型和活动的结合与一体化，有利于及早发现武器系统的不足，降低武器系统发展的风险，同时能够有效推动整个试验鉴定进程的发展。一体化试验鉴定已成为美军提高试验效率，缩短试验周期，节约试验成本的重要手段。

（1）成立专门工作组，为推进一体化试验鉴定提供组织保障

研制试验鉴定和作战试验鉴定采取国防部集中指导、各军种分散实施的管理模式。国防部负责试验鉴定工作的组织管理机构有三个：一是设立在国防研究工程署下的研制试验鉴定局，主要负责研制试验鉴定，集中协调所有重大国防采办项目的“试验鉴定主计划”，审查所有重大国防采办项目的试验鉴定结果和资源需求，监督研制试验鉴定；二是直接受国防部长和常务副部长领导的作战试验鉴定局，主要负责审批重大国防采办项目的作战试验鉴定，监督重大国防采办项目试验鉴定主计划中的作战试验鉴定部分，每年向国防部长和国会提交作战试验鉴定报告；三是试验资源管理中心，主要负责试验鉴定资源的规划计划管理工作，中心主任由研制试验鉴定局长兼任。

在现行的试验鉴定组织管理体制下，美军推行一体化试验鉴定采取的主要组织形式，就是针对每个重大武器装备采办项目，组建一体化试验工作组（ITT）。一体化试验工作组一般在重大国防采办项目的里程碑 A 之前组建，由项目办公室牵头，项目办公室和作战试验机构的代表共同主持，其主要成员包括责任试验组织（即军方研制试验监管及实施机构）、作战试验机构、参与试验组织（即试验鉴定数据及资源保障机构）、承包商，以及采办和需求管理机构指派的代表。

一体化试验工作组可设立多个试验小组，主要职责是制定并管理一体化试验鉴定策略和试验鉴定主计划，设计通用的试验鉴定数据库，推荐项目的“责任试验组织”和“参与试验组织”，确定项目的试验鉴定资源要求，协调各试验小组共同实施一体化试验鉴定的各项工作；协助采办和需求部门制定与项目有关的策略和计划。

（2）制定一体化试验鉴定计划，为实施一体化试验鉴定提供基本依据

为了落实一体化试验鉴定思想，美军除了采用一体化试验工作组的组织方式以外，还采用基于任务的试验设计方法，将一体化试验鉴定要求融入试验规划计划中。

试验规划计划是开展武器装备试验鉴定工作的基本依据，“试验鉴定策略”和“试验鉴定主计划”是美国重大国防采办项目中两个主要的试验规划计划文件。“试验鉴定策略”

主要是规范每个重大国防采办项目的所有试验鉴定活动要求，并将一体化试验鉴定的要求纳入其中。在成立一体化试验工作组之后，项目办公室一般在项目进入里程碑 A 时，就要组织一体化试验工作组编制好试验鉴定策略，并提交给负责采办、技术与后勤的国防部副部长及作战试验鉴定局长审批，作为制定“试验鉴定主计划”的基本依据。

“试验鉴定主计划”包括一体化试验计划概要、研制试验鉴定要点、作战试验鉴定要点和试验鉴定资源概要等内容，由一体化试验工作组在里程碑 A 之后、里程碑 B 之前制定，并在里程碑 C 和生产部署阶段进行更新修订。在制定“试验鉴定主计划”时，要加强使用部门、研制部门和试验部门之间的充分协作，综合考虑研制试验机构和作战试验机构的试验要求，在研制试验鉴定中纳入作战试验鉴定的要求，尽早开展作战试验鉴定，减少专门进行作战试验鉴定的试验项目，从而避免不必要的重复试验。

制定一体化试验鉴定计划的基本方法是采用基于任务的试验设计方法。该方法分为 3 步：第一步是进行装备作战任务分析，主要工作是确定装备作战任务对试验的要求，针对任务确定关键作战准则，将任务分解成子任务，建立试验环境。第二步是根据装备作战任务要求，分别制定研制试验鉴定计划和作战试验鉴定计划。第三步是综合分析研制试验鉴定与作战试验鉴定的任务要求，确定可以结合进行的试验项目，制定可共同试验的一体化试验计划；对于不能结合进行的试验项目，要制定专门的作战试验鉴定计划。

（3）重视试验沟通协调，确保一体化试验鉴定工作顺利实施

一体化试验规划计划主要是通过一体化试验工作组的方式实施。一体化试验工作组的成员来自不同的机构，要综合考虑研制试验鉴定和作战试验鉴定问题，同时完成规定的多组试验目的。鉴于一体化试验需要解决问题的复杂性和工作组人员构成的多元性，涉及的利益方多，因此，在一体化试验过程中，不可避免地会产生各种争执甚至冲突。其中“责任试验组织”与作战试验机构之间的冲突尤其突出。因为“责任试验组织”负责的研制试验鉴定主要验证技术参数是否符合规范要求，强调试验条件可控，允许承包商参与，通常使用国防部重点靶场和试验设施进行，而作战试验机构作战试验鉴定重点解决作战效能和作战适用性问题，强调试验条件接近实战，通常不允许装备研制的承包商参与试验，强调要在作战试验机构的靶场和试验设施中进行，双方经常争执不下。

为解决一体化试验过程中产生的各种冲突，保证试验顺利进行，美军建立了 4 个层面的冲突解决机制：第一层是由一体化试验工作组中受到影响的成员之间互相讨论解决；第二层是由一体化试验工作组的所有成员讨论解决；第三层是由一体化试验工作组的领导层决定解决办法；第四层是由一体化试验工作组的领导层提交解决方案，由更高的管理层面协调解决。

2.5 加强体系化装备互操作性试验鉴定

系统互联、信息互通与功能互操作是体系化装备的重要特性，也是装备形成体系所必需具备的基本功能。互联是基础，互通是手段，互操作是目的。美军从技术和作战两个层

面给出了互操作的定义。技术互操作是指通信电子系统、通信电子设备或其用户之间能够直接满意地进行信息交换或提供服务的状态；作战互操作是指系统、设备或部队向其他系统、设备或部队提供服务或接受服务，并利用这种交换服务而使之能够一起有效工作的能力。

经过30多年的互操作试验探索和发展，美军专门把互操作试验作为一种特殊类型的试验鉴定，大力推行互操作试验，并形成了比较成熟和稳定的模式和方法，在具有联合作战要求的体系化武器装备试验鉴定过程中发挥了至关重要的作用。推行互操作试验，不仅对武器装备的互操作试验工作和互操作试验能力建设，而且对武器装备成体系发展具有重要意义。专门开展互操作试验，能够以更加有效和高效的方式，更好地适应武器装备的联合作战要求，从而确保部队和作战人员获得适用于联合作战的武器装备体系。

为了完成体系化武器装备互操作试验，美军采取以下措施开展互操作试验能力建设：一是专用互操作试验设施设备，如美国国防部联合互操作试验司令部作为美军最为重要的武器装备互操作试验认证机构，也是美国国防部的重点靶场与试验设施基地之一，具有规模大、试验设施齐全配套、试验技术手段先进、综合试验能力强等特点，在美军武器装备互操作试验认证中发挥了关键作用。二是各军种管理的一些国防部重点靶场，如美国陆军的瓦丘卡堡电子靶场和白沙导弹靶场、空军的埃格林第46试验联队等，也具有很强的互操作试验能力。三是美军的一些实验室，如作为美国陆军最大的系统集成实验室的中央技术保障设施，可以完成200个网络中心系统的集成和试验。这些试验设施为美军开展体系化武器装备互操作试验提供了重要的技术保障。

3 几点启示

美军体系化装备的发展水平位于世界前列，相应的体系化装备试验鉴定能力，从发展的系统性、规范性以及全面性上看，也都处于世界领先地位。总体来说，美军体系化装备试验鉴定的实施与开展主要有以下经验。

3.1 以装备发展需求为牵引，明确发展方向

试验鉴定的根本目的是要保证投入作战使用的武器装备达到预期要求，因此试验鉴定要紧跟装备发展的需求，装备的发展则要符合作战需求。美军大力开展体系化装备试验能力建设，具有明确而现实的作战需求和装备发展需求，只有在明确需求牵引下，体系化装备试验能力才能得以充分发展。联合作战已成为现代战争的主要支柱，同时，武器装备体系化发展趋势日趋明显，对体系化装备在联合作战环境下的作战效能进行真实、全面的检验，是现代武器装备发展与采办所面临的重要问题。为此，美国国防部在制定的《战略规划指南》中指出，为了加强美军的联合作战能力，国防部不仅要“像作战一样训练”，而且要“像作战一样试验”，要求美军为联合作战环境下的体系化武器装备试验鉴定提供新

的试验能力，并最终使其成为规范化的法定制度在全军推广和实施。这一指示，明确了作战需求与装备发展需求。依据这一指示，美军试验鉴定界为体系化装备试验能力的发展制定了发展路线图，启动专项工程，开发先进技术，建设基础设施，并积极开展多项联合任务环境下的体系化装备试验活动，为美军的体系化装备发展与采办提供了重要支持。

3.2　国防部统一管理与领导，确保顺利实施

体系化装备试验给传统试验鉴定理念带来了深刻影响，其自身的优势和特点决定了体系化装备试验能力的建设，需要大规模改造原有试验基础设施，充分研发先进试验技术，详细制定试验法规制度，以及开展多军种联合的分布式试验活动。在体系化装备试验鉴定形成制度，获得推广之前，需要有高层机关的顶层指导和管理，进行全盘考虑和整体规划，推动体系化试验能力建设工作的前进。

无论是20世纪试验技术的初期探索，还是当前基础设施的全面建设，美军体系化装备试验能力的发展均由国防部统一实施领导，各军种参加，采取集中管理与分散实施相结合的模式，逐步推进以分布式试验为核心的体系化装备试验能力的建设。如美军早期启动的“联合先进分布式仿真联合试验与鉴定”（JADSJT&E）计划，是由国防部长办公厅负责监管，空军领导，陆、海军参加，通过该计划，美军对先进分布式仿真技术在导弹、C4ISR系统和电子战等武器系统试验与鉴定中的应用进行了大量理论研究和实践探索，取得了许多重要成果；在中期启动的FI2010工程，也是由国防部启动，由陆军负责，海、空军参加，在全军范围内对分布式试验环境的概念与靶场建设进行了广泛研究；近期由国防部试验资源管理中心和作战试验鉴定局启动的“联合任务环境试验能力”（JMETC）和“联合试验鉴定方法”（JTEM）计划，同样由国防部直属机构负责管理，面向全军实施，推动分布式试验能力在美军的全面建设。

3.3　制定战略规划与路线图，指导科学发展

为推动体系化装备试验能力的全面发展，美军从顶层制定了发展规划路线图，即2004年发布的《联合环境下的试验路线图》。该路线图的主要作用体现在四个方面。

一是明确体系化装备试验能力发展的领导机构。路线图要求，体系化装备试验的执行规划工作要在国防部作战试验鉴定局的领导下，同负责采办技术与后勤的国防部副部长办公室、负责人员与战备的国防部副部长办公室、负责网络与信息集成的助理国防部长办公室、联合参谋部、各军种以及依据要求的其他部门进行充分的合作。

二是对试验基础设施建设给出指导。路线图指出，分布式试验基础设施的解决方案是要生成联网能力，能将真实的系统和部队与其他虚拟的和构造的要素（装备、人员或环境）有效地整合起来，从而为被试系统生成一个逼真的试验环境。该基础设施将以一种及时且经济有效的方式为系统工程、试验、训练和实验提供持久的、可复现的、逼真的联合

任务环境。

三是为体系化装备试验开展的法规化和制度化提出指导。路线图要求，必须通过对国防部和参联会主席所发布的指令、指示和条例中适用的政策和程序条款进行修改来促进联合环境下体系化装备分布式试验的实现。在政策和条例方面，要使体系化装备的分布式试验成为国防部一级的政策，并将这种扩展的试验与鉴定能力制度化。

四是要求发展和制定系统规范的试验方法和程序。路线图认为，体系化装备试验的实施与传统试验存在较大差异，必须为联合任务环境下的分布式试验规划、实施和分析制定系统和科学的程序和步骤，这些程序和步骤还必须在实际的试验活动中得到检验和完善，最终形成可行的方案，在全军推广。

3.4 建立程序方法规程制度，确保有章可循

体系化装备试验的执行除了需要基础设施作支撑以外，还需要依据规范的方法与程序。由于体系化装备试验涉及的参试单位多（研制方、试验方、使用方等）、参试系统多（由多个单系统构成的装备体系）、参试系统表现形式复杂（由虚拟的、真实的、构造的系统组合而成），因此，首先需要对体系化装备试验进行统一的规划和评估，其次要对参试系统进行统一的管理、调配和使用，最后，还要有规范的程序和制度对参试各方的活动和行为进行指导。美军从 20 世纪 90 年代的 JADSJT&E 计划就开始发展基于分布式的体系化装备试验方法程序，在该计划下，针对导弹、C4ISR 和电子战装备体系的分布式试验开发了包含有 11 个步骤的试验程序；进入 21 世纪后，美军分布式试验的发展也进入全新阶段，美军专门设立了 JTEM 计划发展分布式试验的方法程序，从系统工程、试验管理、鉴定分析三个方面，分 6 步，24 个程序对体系化装备的分布式试验从开始到结束的程序与进度进行了系统、详细和准确的定义，所发展的方法在近 10 年的试验活动中不断完善和改进。未来，体系化试验方法程序将作为法规，写入美军的试验鉴定政策中，对美军的武器装备试验鉴定进行指导。

3.5 推行提高效率试验模式，有效降低风险

体系化装备试验的试验条件要求高，试验环境构建复杂，采取研制试验与作战试验相结合的一体化试验鉴定模式，是提高体系化装备试验效率、降低装备发展风险的有效手段。经过近 30 年的探索和发展，美军在推行一体化试验工作中形成了比较成熟和稳定的模式和方法，在武器装备尤其是体系化武器装备的试验与鉴定过程中发挥了至关重要的作用。推行一体化试验，不仅对体系化装备试验和靶场建设，而且对装备成体系发展都具有重要意义。开展一体化试验可以更好地适应体系化武器装备采办的需求，以更加有效和高效的方式满足武器装备尤其是体系化装备的试验需要，还能带动武器装备靶场建设和试验技术发展，从而确保部队和作战人员获得作战适用的武器装备。

美军一体化试验多年来的实践表明，一体化试验不仅可以促进不同试验类型和不同试验方式的结合，而且可以促使所有试验人员的早期参与和持续介入，以及试验人员、用户及研制人员间的全面合作，通过建立一体化的试验与鉴定策略，充分利用在所有层面上的信息共享和合作的机会，减少不必要的重复试验，使试验效益最大化。试验人员尽早介入需求定义过程，可以确保计划指标在作战环境下试验，进行有意义的试验测量，制定有意义的准则。试验人员尽早合作，可促进一体化试验策略的制定，从而综合研制试验鉴定和作战试验鉴定的需求 / 目标。采用一体化试验策略，不仅可增强研制试验鉴定和作战试验鉴定的联系，使研制试验与鉴定具有作战观点，研制期间的试验事件和收集的数据可用于提供对系统效能和适用性的早期了解，而且还可以缩短专用作战试验鉴定的时间，缩短试验所需要的时间，节省试验费用，从而缩短武器装备的采办周期。

参考文献

[1] MAXIMO LORENZO. Joint mission thread measures development standard operating procedures (SOP). Joint Test Director JTEM JT & E Transition, 2010(5).

[2] MARK FIEBRANDT. JTEM operations research analyst. ITEA test week, joint test and evaluation methodology (JTEM) transition 2010(6).

[3] DANIEL GRENIER. JTEM system engineer. Test week, logical test design tutorial, joint test and evaluation methodology transition (JTEM-T)2010（6）.

[4] Joint Publication 3-13.1. Electronic Warfare. 25 January 2007.

[5] CHARLES WINSTEAD. Cyber exercises today and tomorrow. 2010.

[6] LORI PRIDMORE, PATRICK LARDIERI, ROBERT HOLLISTER. National Cyber Range (NCR) automated test tools: implications and application to network-centric support tools. IEEE . 2010.

[7] LAIN LOBBAN. Federated cyber range case studies, White Paper. Northrop Grumman, 2010.10.

[8] Joint Publication 1-02, Department of defense dictionary of military and associated terms, 10 February 1999.

[9] DOD Directive 3222.3. DoD Electromagnetic Environmental Effects (E3) program. 8 september 2004.

[10] E3 and SM assessment guide for operational testing. Director operational test and evaluation. 13 June 2001.

[11] DOD Directive 3200.11, Major range and test facility base (MRTFB). December 27，2007.

[12] SPACE SYSTEM SUSTAINMENT PLANNING AND MANAGEMENT. SMCI 20-101, 2008. 10.

[13] SPACE ACQUISITION BOARD PROCESS. SMCI 63-102, 2006. 9.

[14] MAJ. GEN. STEPHEN T. SARGEANT. Improving AFOTEC's contribution to the acquisition process: moving integrated developmental and operational test to the next level. ITEA Journal 2009(30).

[15] MAJ. GEN. STEPHEN T. SARGEANT. AFOTEC's space test initiative: transforming operational testing and evaluation of space system capabilities. ITEA Journal 2008(29).